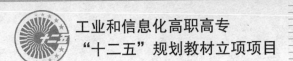
工业和信息化高职高专
"十二五"规划教材立项项目

高等职业院校
机电类"十二五"规划教材

S7-200 西门子 PLC 基础教程

（第2版）

U0277468

Siemens S7-200 PLC (2nd Edition)

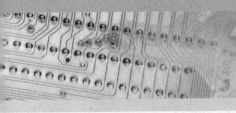

◎ 王淑英 赵建光 主编
◎ 谢青海 方红彬 副主编

人民邮电出版社
北京

精品系列

图书在版编目（CIP）数据

S7-200西门子PLC基础教程 / 王淑英，赵建光主编
. -- 2版. -- 北京：人民邮电出版社，2016.2（2020.12重印）
高等职业院校机电类"十二五"规划教材
ISBN 978-7-115-41286-7

Ⅰ. ①S… Ⅱ. ①王… ②赵… Ⅲ. ①plc技术－高等
职业教育－教材 Ⅳ. ①TM571.6

中国版本图书馆CIP数据核字(2015)第305883号

内　容　提　要

本书体现了"以能力培养为核心，以实践教学为主线，以理论教学为基础"的教学新思路，突出理论与实践的结合。

本书共分 10 章，以国内目前使用最多的西门子 S7-200 系列小型 PLC 为主要对象。

在理论教学方面，本书详细介绍了 PLC 的结构及编程软件的使用、PLC 的位指令、功能指令、程序设计和系统设计以及通信等内容。为突出 PLC 技术的实用性，本书增加了变频器、触摸屏及模拟量等内容，并着重介绍了 PLC、变频器、触摸屏和模拟量在电气控制中的基本应用和操作技能。

在实践教学方面，本书安排了十几个工程案例作为基本技能实训和综合技能实训，包括企业应用最多的 PLC、变频器、触摸屏和模拟量模块的综合应用实例，体现了能力的培养。

本书主要作为高职高专院校机电类相关专业的理论与实训教材，也可作为技能鉴定的培训教材，还可供相关工程技术人员参考使用。

◆ 主　　编　王淑英　赵建光
　　副 主 编　谢青海　方红彬
　　责任编辑　刘盛平
　　执行编辑　王丽美
　　责任印制　杨林杰

◆ 人民邮电出版社出版发行　北京市丰台区成寿寺路 11 号
　　邮编　100164　电子邮件　315@ptpress.com.cn
　　网址　http://www.ptpress.com.cn
　　山东百润本色印刷有限公司印刷

◆ 开本：787×1092　1/16
　　印张：13.25　　　　　　2016 年 2 月第 2 版
　　字数：309 千字　　　　2020 年 12 月山东第 13 次印刷

定价：32.00 元
读者服务热线：(010)81055256　印装质量热线：(010)81055316
反盗版热线：(010)81055315

Foreword

第2版 前言

目前，以PLC、变频器和触摸屏为主体的新型电气控制系统已广泛应用于各个生产领域。为了适应现代企业对高级机电技术人员既有较新知识，又有较强能力的素质要求，我们编写了这本适合高职高专院校机电类及相关专业使用的教材。本书以国内使用最多的西门子S7-200系列小型PLC为主要对象，介绍了PLC、变频器和触摸屏在电气控制方面的综合应用技术。

本书第1版出版后，受到了广大师生的欢迎。为了更好地满足各院校学生对PLC知识的学习，在保留原书特色的基础上，本书第2版做了以下几个方面的修订。

- 对本书第1版中存在的问题进行了校正和修改。
- 增加了变频器、触摸屏和模拟量的使用等内容。
- 增加了有针对性的习题和案例。

本书经修订后，充分体现了"以能力培养为核心，以实践教学为主线，以理念教学为支撑"的教学新思路，加强了理论与实践的结合。

本书理论部分仍然是以章节编排，体现了理论知识的系统性和连贯性。

实践教学部分以课题为模块，以实训项目为载体，按照技能形成的顺序编排，符合技能的学习规律。

最后集中进行大型综合实训，这样既实现了理论与实践的完美结合，又遵循了递进式、模块化的教学原则。

本书适用于理论、实训一体化教学模式，参考总教学时数为80学时左右，详见下面的学时分配表。

学时分配表

章　节	总学时	理论课学时	实践课学时
第1章　PLC 的基本知识	10	8	2
第2章　S7-200 PLC 的基本指令	8	6	2
第3章　PLC 程序设计方法	8	6	2
第4章　顺序控制设计方法中梯形图的编程方法	12	8	4
第5章　PLC 的功能指令及应用	8	6	2
第6章　PLC 应用系统的设计	6	2	4

续表

章　节	总学时	理论课学时	实践课学时
第 7 章　PLC 在逻辑控制系统中的应用实例	8	4	4
第 8 章　PLC 网络及通信	8	4	4
第 9 章　模拟量模块及触摸屏的应用	6	2	4
第 10 章　PLC 在变频控制系统中的应用	6	2	4
合　计	80	48	32

　　本书由河北机电职业技术学院王淑英、赵建光任主编，谢青海、方红彬任副主编。其中，第1章、第2章由方洪彬编写，第3章、第4章、第5章、第6章由赵建光编写，第7章、第8章由王淑英编写，第9章、第10章由谢青海编写，全书由王淑英统稿。

　　由于编写水平有限，书中的错误和不足在所难免，恳请广大读者批评指正，以便再次修订时加以完善。

编者

2015年10月

Contents

目 录

Chapter 1

第1章

| PLC 的基本知识 |

可编程逻辑控制器（PLC）作为现代的自动控制装置已普遍应用于工业、企业各个领域，是生产过程自动化必不可少的智能控制设备。掌握 PLC 的组成、原理及编程方法，熟悉 PLC 的应用技巧，是每一位机电类专业技术人员必须具备的基本能力之一。

本章主要介绍 PLC 的组成、原理、分类、特点、编程语言与程序结构以及 S7-200 系列 PLC 的内部和外部结构、性能、寻址方式等基本知识。

1.1 PLC 的组成和工作原理

PLC（可编程逻辑控制器）是以微处理器为核心的计算机控制系统，虽然各厂家产品类型繁多，功能和指令系统各不相同，但其组成和基本工作原理大同小异。

1.1.1 PLC 的组成和基本工作原理

1. PLC 的组成

PLC 主要由 CPU 模块、输入模块、输出模块和编程器组成，如图 1-1 所示。

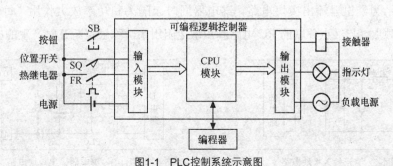

图1-1 PLC控制系统示意图

（1）CPU 模块

CPU 模块主要由微处理器（CPU）和存储器组成。在 PLC 控制系统中，CPU 模块不断地采集输入信号，执行用户程序，刷新系统的输出；存储器用来储存程序和数据。PLC 的存储器有两种，一种是可进行读/写操作的随机存储器（RAM）；另一种为只读存储器：ROM、PROM、EPROM、EEPROM。PLC 中的 RAM 用来存放用户编制的程序或用户数据，存于 RAM 中的程序可随意修改。

PLC 的系统程序是由 PLC 生产厂家设计提供的，出厂时已固化在各种只读存储器中，不能由用户直接修改。

（2）I/O 模块

输入模块和输出模块简称为 I/O 模块，这是 PLC 与被控设备相连接的接口电路，是联系外部现场设备和 CPU 模块的桥梁。

① 输入模块。输入模块用来接收和采集输入信号。开关量输入模块用来接收从按钮、选择开关、数字拨码开关、接近开关、光电开关、限位开关、压力继电器等来的开关量输入信号。模拟量输入模块用来接收电位器、测速发电机和各种变送器提供的连续变化的模拟量电流电压信号。图 1-2 所示为某直流输入模块的内部电路和外部接线图。图中只画出了一路输入电路，输入电流为数毫安；1M 是同一组各输入点内部输入电路的公共点。S7-200 PLC 可以用 CPU 模块输出的 DC 24 V 电源作输入回路的电源，它还可以为接近开关、光电开关之类的传感器提供 DC 24 V 电源。

当图 1-2 中外部连接的触点接通时，光电耦合器中两个反并联的发光二极管亮，光敏三极管导通；外部连接触点断开时，光耦合器中的发光二极管熄灭，光敏三极管截止，信号经内部电路传送给 CPU 模块。

交流输入方式适于有油雾、粉尘的恶劣环境下使用，输入电压有 110 V、220 V 两种。直流输入电路的延时时间较短，可以直接与接近开关、光电开关等电子输入装置连接。

② 输出模块。输出模块用来控制接触器、电磁铁、指示灯、电磁阀、数字显示装置、报警装置等输出设备。模拟输出模块用来控制调节阀、变频器等执行装置。

S7-200 PLC 的 CPU 模块的数字量输出电路的功率组件有驱动直流负载的场效应晶体管和小型继电器，后者既可以驱动交流负载又可以驱动直流负载，负载电源由外部提供。

输出电路的额定电流值与负载的性质有关，如 S7-200 PLC 的继电器输出电路可以驱动 2 A 的电阻负载，但是只能驱动 200 W 的白炽灯。输出电路一般分为若干组，对每一组的总电流也有限制。

图 1-3 所示为继电器输出模块电路，继电器同时起隔离和功率放大作用。每一路只给用户提供一对常开触点。与触点并联的 RC 电路和压敏电阻用来消除触点断开时产生的电弧。

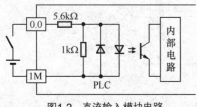

图1-2　直流输入模块电路

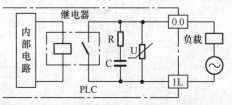

图1-3　继电器输出模块电路

图 1-4 所示为使用场效应晶体管的输出电路。输出信号送给内部电路中的输出锁存器，再经光电耦合器送给场效应晶体管，后者的饱和导通状态和截止状态相当于触点的接通和断开。图中稳压管用来抑制判断过电压和外部的浪涌电压，以保护场效应晶体管，场效应晶体管输出电路的工作频率可达 20～100 kHz。

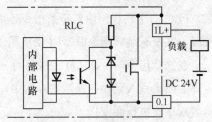

继电器输出模块的使用电压范围广，导通压降小，承受瞬时过电压和过电流的能力较强；但是动作速度较慢，寿命（动作次数）有一定的限制。如果系统输出量的变化不是很频繁，建议优先选用继电器型的输出模块。

场效应晶体管型输出模块用于直流负载，它的可靠性高、反应速度快、寿命长；但是过载能力稍差些。

图1-4　场效应管输出电路

③ 编程器。编程器用来生成用户程序，并用它进行编辑、检查、修改和监视用户程序的执行情况。手持式编程器不能直接输入和编辑梯形图，只能输入和编辑指令表程序，因此又叫做指令编程器。它的体积小、价格便宜，一般用来给小型 PLC 编程，或者用于现场调试和维护。

使用编程软件可以在计算机屏幕上直接生成和编辑梯形图或指令表程序，并且可以实现不同编程语言之间的相互转换。程序被编译后下载到 PLC，也可以将 PLC 中的程序上传到计算机。程序可以存盘或打印，通过网络还可以实现远程编程和传送。

④ 电源。PLC 一般使用 AC 220 V 电源或 DC 24 V 电源。内部的开关电源为各模块提供不同电压等级的直流电源。小型 PLC 可以为输入电路和外部的电子传感器提供 DC 24 V 电源，驱动 PLC 负载的直流电源一般由用户提供。

2. PLC 的基本工作原理

PLC 是按照集中采样、集中扫描的工作方式工作的。整个工作过程可分为 5 个阶段：自诊断，通信处理，读取输入，执行程序，改写输出，其工作过程如图 1-5 所示。这种周而复始的循环工作模式称为扫描工作模式。

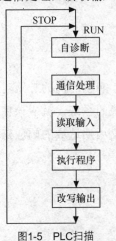

图1-5　PLC扫描工作过程

（1）自诊断

每次扫描用户程序之前，都先执行自诊断测试。自诊断测试包括定期检查 CPU 模块的操作和扩展模块的状态是否正常，将监控定时器复位，以及完成一些其他的内部工作。若发现异常停机，则显示出错；若自诊断正常，则继续向下扫描。

（2）通信处理

在通信处理阶段，CPU 处理从通信接口和智能模块接收到的信息，如读取智能的信息，并存放在缓冲区中，在适当的时候将信息传送给通信请求方。

（3）读取输入

在 PLC 的存储器中，设置了一片区域来存放输入信号和输出信号的状态，它们分别称为输入映像寄存器和输出映像寄存器。CPU 以字节（8 位）为单位来读写输入/输出映像寄存器。在读取输入阶段，PLC 把所有外部数字量输入电路的 ON/OFF 状态，读入输入映像寄存器。外部的输入电路闭合时，对应的输入映像寄存器为 1 状态，梯形图中对应的输入点的常开触点接通，常闭触点断开。外接的输入电路断开时，对应的输入映像寄存器为 0 状态，梯形图中对应的输入点的常开触点断开，常闭触点闭合。

（4）执行程序

PLC 的用户程序由若干条指令组成，指令在存储器中顺序排列。在 RUN 工作模式的程序执行阶段，在没有跳转指令时，CPU 从第 1 条指令开始，逐条顺序地执行用户程序。

在执行指令时，从 I/O 映像寄存器读出其 I/O 状态，并根据指令的要求执行相应的逻辑运算，运算的结果写入到相应映像寄存器中，因此，各映像寄存器（只读的输入映像寄存器除外）的内容随着程序的执行而变化。

在程序执行阶段，即使外部输入信号的状态发生了变化，输入映像寄存器的状态也不会随之改变，输入信号变化了的状态只能在下一个扫描周期的读取输入阶段被读入。执行程序时，对输入/输出的存取通常是通过映像寄存器，而不是实际的 I/O 点，这样做有以下好处。

① 程序执行阶段的输入值是固定的，程序执行完后再用输出映像寄存器的值更新输出点，使系统的运行稳定。

② 用户程序读写 I/O 映像寄存器比读写 I/O 点快得多，这样可以提高程序的执行速度。

（5）改写输出

CPU 执行完用户程序后，将输出映像寄存器的二进制数 0/1 状态，传送到输出模块并锁存起来。梯形图中某一输出位的线圈通电时，对应的映像寄存器的二进制数为 1 状态。信号经输出模块隔离和功率放大后，继电器型输出模块中对应的硬件继电器的线圈通电，其常开触点闭合，使外部负载通电工作。若梯形图中输出点的线圈断电，对应的输出映像寄存器中存放的二进制数为 0 状态，将它送到继电器型输出模块，对应的硬件继电器的线圈断电，其常开触点断开，外部负载断电，停止工作。

PLC 经过这 5 个阶段的工作过程，称为 1 个扫描周期，完成 1 个扫描周期后，又重新执行上述过程，扫描周而复始地进行。在不考虑通信处理时，扫描周期 T 的大小为

$$T = (输入/点时间 \times 输入点数) + (运算速度 \times 程序步数) +$$

$$(输出/点时间 \times 输出点数) + 故障诊断时间$$

显然扫描周期主要取决于程序的长短，一般每秒钟可扫描数十次以上。响应时间的长短对工业设备通常没有什么影响。但对控制时间要求较严格、响应速度要求较快的系统，就应该精确计算响应时间，细心编制程序，合理安排指令的顺序，以尽可能减少扫描周期造成的响应延时等不良因素。

1.1.2　PLC 的性能、分类及特点

1. PLC 的性能指标

（1）I/O 总点数

I/O 总点数是衡量 PLC 输入信号和输出信号的总数量。PLC 输入/输出有开关量和模拟量两种。其中开关量用最大 I/O 点数表示，模拟量用最大 I/O 通道数表示。

（2）存储器容量

存储器容量是衡量 PLC 可存储用户应用程序多少的指标，通常以字或千字为单位，约定 16 位二进制数为 1 个字（即两个 8 位的字节），每 1 024 个字为 1 千字。PLC 通常以字为单位来存储指令和数据，一般的逻辑操作指令每条占 1 个字，定时器、计数器、移位操作等指令占 2 个字，而数据操作指令占 2～4 个字。有些 PLC 的用户程序存储器容量用编程的步数来表示，每一条语句占一步长。

（3）编程语言

编程语言是 PLC 厂家为用户设计的用于实现各种控制功能的编程工具，常用的编程语言有：梯形图、语句表、顺序功能图、功能块图、结构文本等。一般指令的种类和数量越多，其功能就越强。

（4）扫描时间

扫描时间是执行 1 000 条指令所需要的时间，一般为 10 ms 左右，小型 PLC 可能大于 40 ms。

（5）内部寄存器的种类和数量

内部寄存器的种类和数量是衡量 PLC 硬件功能的一个指标。它主要用于存放变量的状态、中间结果、数据等，还提供大量的辅助寄存器、定时器、计数器、移位寄存器和状态寄存器等，供用户编程使用。

（6）通信能力

通信能力是指 PLC 与 PLC、PLC 与计算机之间的数据传送及交换能力，它是工厂自动化的必备基础。目前生产的 PLC 不论是小型的还是中型的，都配有 1～2 个，甚至多个通信端口。

2．PLC 的分类

根据硬件结构的不同，可将 PLC 分为整体式、模块式和混合式。

整体式 PLC 又叫基本单元或箱体式。它的体积小、价格低。小型 PLC 一般采用整体式结构。整体式的 PLC 是将 CPU 模块、输入/输出模块和电源装在一个箱型塑料壳内。可以在基本单元 PLC 上加装扩展模块以扩大其使用范围。

中、大型 PLC 一般采用模块式结构。模块式结构是把 CPU、电源、输入接口、输出接口等做成独立的单元模块，具有配置灵活、组装方便、便于扩展等优点，适合输入/输出点数差异较大或有特殊功能要求的控制系统。

按 I/O 点数不同，PLC 可分为小型、中型和大型 3 类。

（1）小型 PLC

这类 PLC 的规模较小，它的输入/输出点数一般在 20～128 点。其中 I/O 点数小于 64 点的 PLC 又称超小型 PLC。

（2）中型 PLC

中型 PLC 的 I/O 点数通常在 128～512 点之间，用户程序存储器的容量为 2～8 KB。除具有小型机的功能外，还具有较强的模拟量 I/O、数字计算、过程参数调节、数据传送与比较、数制转换、中断控制、远程 I/O 及通信连网功能。

（3）大型 PLC

大型 PLC 又称高档 PLC，I/O 点数在 512 点以上，其中 I/O 点数大于 8192 点的又称为超大型

PLC，用户程序存储器容量在 8 KB 以上，除具有中型机的功能外，还具有较强的数据处理、模拟调节、特殊功能函数运算、监视、记录、打印等功能以及强大的通信连网、中断控制、智能控制、远程控制等功能。一般用于大规模过程控制、分布式控制系统和工厂自动化网络等场合。

3. PLC 的主要特点

（1）操作方便

PLC 提供了多种编程语言，可针对不同的应用场合，供不同的开发和应用人员选择使用。PLC 最大的一个特点之一就是采用了易学易懂的梯形图语言，它是以计算机软件技术构成人们惯用的继电器模型，直观、易懂，易于被广大电气工程技术人员掌握。

（2）可靠性高

可靠性是指 PLC 平均无故障运行的时间。PLC 在设计、制作、元器件的选择上，采取了精选、高度集成化、冗余量大等一系列措施，从而延长了元器件的使用寿命，提高了系统的可靠性。在抗干扰性上，采取了软、硬件多重抗干扰措施，使其能安全工作在恶劣的环境中。

目前，各生产厂家的 PLC 平均无故障安全运行时间都远大于国际电工委员会（IEC）规定的 10 万小时的标准。

（3）控制功能强

PLC 不但具有对开关量和模拟量的控制能力，还具有位置控制、数据采集及监控、多 PLC 分布式控制等功能。PLC 还具有功能的可组合性，如运动控制模块可以对伺服电机和步进电机速度与位置进行控制，实现对数控机床和工业机器人的控制。

（4）系统的设计、安装、调试工作量少

PLC 用软件功能取代了继电器—接触器控制系统中大量的中间继电器、时间继电器、计数器等元器件，使控制柜的设计、安装、接线工作量大大减少。

PLC 的梯形图程序一般采用顺序设计法来设计，这种编程方法有规律，很容易掌握。对于复杂的控制系统，设计梯形图的时间比设计相同功能的继电器控制系统电路图的时间要少。

在梯形图程序调试中，可通过 PLC 上的发光二极管观察输入、输出信号的状态。在现场调试过程中发现问题一般通过修改程序来解决，所以系统调试的时间比继电器系统调试的时间少。

（5）体积小，能耗低

PLC 结构紧凑、体积小、重量轻、能耗低、便于安装，特别是具有模块式结构的特点，便于维护，并且使功能扩充很方便。

1.2　PLC 的结构、性能及寻址方式

1.2.1　S7-200 系列 PLC 的外部结构

1. PLC 各部件的功能

S7-200 系列 PLC 有 CPU 21X 和 CPU 22X 两代产品，外部结构如图 1-6 所示。它是整体式 PLC，它将输入/输出模块、CPU 模块、电源模块均装在一个机壳内，当系统需要扩展时，可选用需要的扩

展模块与基本单元（主机）连接。

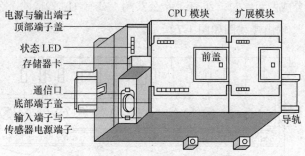

图1-6　S7-200系列PLC外部结构

① 输入接线端子：用于连接外部控制信号，在底部端子盖下是输入接线端子和为传感器提供的 24 V 直流电源。

② 输出接线端子：用于连接被控设备，在顶部端子盖下是输出接线端子和 PLC 的工作电源。

③ CPU 状态指示灯：CPU 状态指示灯有 SF、STOP、RUN 3 个，其作用如下所述。

SF：系统故障指示灯。当系统出现严重的错误或硬件故障时亮。

STOP：停止状态指示灯。编辑或修改用户程序，通过编程装置向 PLC 下载程序或进行系统设置时此灯亮。

RUN：运行指示灯。执行用户程序时亮。

④ 输入状态指示灯：用来显示是否有控制信号（如控制按钮、行程开关、接近开关、光电开关等数字量信号）接入 PLC。

⑤ 输出状态指示灯：用来显示 PLC 是否有信号输出到执行设备（如接触器、电磁阀、指示灯等）。

⑥ 扩展接口：通过扁平电缆线，连接数字量 I/O 扩展模块、模拟量 I/O 扩展模块、热电偶模块和通信模块等。

⑦ 通信接口：支持 PPI、MPI 通信协议，有自由口通信能力。用以连接编程器、PLC 网络等外部设备。

2．输入/输出接线

输入/输出模块电路是 PLC 与被控设备间传递输入/输出信号的接口部件。各输入/输出点的通/断状态用 LED 显示，外部接线就接在 PLC 输入/输出接线端子上。

S7-200 系列 CPU 22X 主机的输入回路为直流双向光耦合输入电路，输出有继电器和场效应晶体管两种类型，用户可根据需要选用。

（1）输入接线

CPU 224 的主机共有 14 个输入点（I0.0～I0.7、I1.0～I1.5）和 10 个输出点（Q0.0～Q0.7、Q1.0～Q1.1）。

（2）输出接线

CPU 224 的输出电路有场效应晶体管输出电路和继电器输出电路两种供用户选用。在场效应晶体管输出电路中，PLC 由 24 V 直流电源供电，负载采用了 MOSFET 功率器件，所以只能用直流电源为负载供电。输出端分成两组，每一组有 1 个公共端，共有 1L、2L 两个公共端，可接入不同电压等级的负载电源。输入/输出接线图如图 1-7 所示。

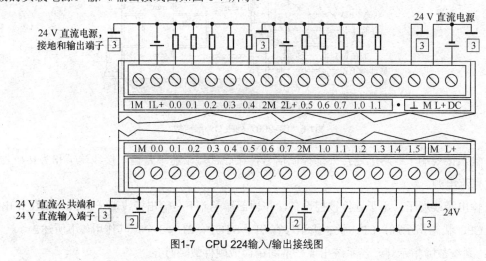

图1-7　CPU 224输入/输出接线图

1.2.2　S7-200 系列 PLC 的性能

1. CPU 模块性能

PLC 的 CPU 性能主要描述 PLC 的存储器能力、指令运行时间、各种特殊功能等。这些技术性指标是选用 PLC 的依据，S7-200 PLC 的 CPU 的主要技术指标如表 1-1 所示。

表 1-1　　　　　　　　　　　　CPU 22X 主要技术指标

型　号	CPU 221	CPU 222	CPU 224	CPU 226
用户数据存储器类型	EEPROM	EEPROM	EEPROM	EEPROM
程序空间（永久保存）	2 048 字	2 048 字	4 096 字	4 096 字
数据后备（超级电容）典型值/H	50	50	190	190
用户存储器类型	1 024	1 024	2 560	2 560
主机 I/O 点数	4/6	8/6	14/10	24/16
可扩展模块/个	无	2	7	7
本机 I/O 点数	6/4	8/6	14/10	24/16
扩展模块数量/个	无	2	7	7
24 V 传感器电源最大电流/电流限制/mA	180/600	180/600	280/600	～400/1 500
数字量 I/O 映像区大小	256	256	256	256
模拟量 I/O 映像区大小	无	16/16	32 /32	32 /32
AC 240 V 电源 CPU 输入电流/最大负载电流/mA	25/180	25/180	35/220	40/160
DC 24 V 电源 CPU 输入电流/最大负载电流/mA	70/600	70/600	120/900	150/1 050
为扩展模块提供的 DC 5 V 电源输出的电流/mA	—	最大 340	最大 660	最大 1 000
内置高速计数器（30 kHz）	4	4	6	6
定时器/计数器	256/256	256/256	256/256	256/256

续表

型　号	CPU 221	CPU 222	CPU 224	CPU 226
高速脉冲输出（20 kHz）	2	2	2	2
布尔指令执行时间/μs	0.37	0.37	0.37	0.37
模拟量调节电位器	1	1	2	2
实时时钟	有（时钟卡）	有（时钟卡）	有（内置）	有（内置）
RS-485 通信口	1	1	1	2

2. I/O 模块性能

PLC 的 I/O 模块性能主要是描述 I/O 模块电路的电气性能，如电流、电压的大小，通断时间，隔离方式等。CPU 22X 系列 PLC 的输入特性如表 1-2 所示，输出特性如表 1-3 所示。

表 1-2　　　　　　　CPU 22X 系列 PLC 的输入特性

项　　目	CPU 221	CPU 222	CPU 224	CPU 226
输入类型	汇型/源型	汇型/源型	源型/汇型	漏型/源型
输入点数	8	8	14	24
输入电压 DC/V	24	24	24	24
输入电流/mA	4	4	4	4
逻辑 1 信号/V	15～35	15～35	15～35	15～35
逻辑 0 信号/V	0～5	0～5	0～5	0～5
输入延迟时间/ms	0.2～12.8	0.2～12.8	0.2～12.8	0.2～12.8
高速输入频率/kHz	30	30	30	20～30
隔离方式	光电	光电	光电	光电
隔离组数	2/4	4	6/8	11/13

表 1-3　　　　　　　CPU 22X 系列 PLC 的输出特性

项　　目		CPU 221		CPU 222		CPU 224		CPU 226	
		晶体管	继电器	晶体管	继电器	晶体管	继电器	晶体管	继电器
输出类型									
输出点数		4	4	6	6	10	10	16	16
负载电压/V		DC20.4～28.8	DC5～30/AC5～250	DC20.4～28.8	DC5～30/AC5～250	DC20.4～28.8	DC5～30/AC5～250	DC20.4～28.8	DC5～30/AC5～250
输出电流	1 信号/A	0.75	2	0.75	2	0.75	2	0.75	2
	0 信号	10	—	10	—	10^{-2}	—	10^{-2}	—
公共端输出电流总和/A		3.02	6.0	4.5	6.0	3.75	8.0	6	10
接通延时	标准脉冲/μs	15	10^4	15	10^4	15	10^4	15	10^4
		2	—	2	—	2	—	2	—

续表

项　　目	CPU 221		CPU 222		CPU 224		CPU 226	
输出类型	晶体管	继电器	晶体管	继电器	晶体管	继电器	晶体管	继电器
关断延时 标准脉冲/μs	100	10^4	100	10^4	100	10^4	100	10^4
	10	—	10	—	10	—	10	—
隔离方式	光电	电磁	光电	电磁	光电	电磁	光电	电磁
隔离组数	4	1/3	6	3	5	3/4	8	4/5/7

1.2.3　PLC 的编程语言与程序结构

1. PLC 的编程语言

由于各厂家 PLC 的编程语言和指令的功能和表达方式均不一样，有的甚至有相当大的差异，因此各厂家的 PLC 互不兼容。IEC 于 1994 年 5 月公布了 PLC 标准 IEC 61131，它由 5 部分组成，其中的第 3 部分（IEC 61131-3）是 PLC 的编程语言标准。

IEC 61131-3 详细地说明了下述 5 种编程语言，如图 1-8 所示。

① 顺序功能图（Sequential Function Chart，SFC）。

② 梯形图（Ladder Diagram，LD）。

③ 功能块图（Function Block Diagram，FBD）。

④ 语句表（Instruction List，IL）。

⑤ 结构文本（Structured Text，ST）。

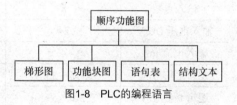

图1-8　PLC的编程语言

标准中有两种图形语言——梯形图和功能块图，还有两种文字语言——语句表和结构文本，而顺序功能图是一种结构块控制程序流程图。

（1）顺序功能图

顺序功能图是一种位于其他编程语言之上的图形语言，用来编制顺序控制程序。顺序功能图提供了一种组织程序的图形方法，步、转换和动作是顺序功能图中的 3 种主要组件。

（2）梯形图

梯形图是使用最多的 PLC 图形编程语言。梯形图与继电器—接触器控制系统的电路图相似，具有直观易懂的优点，非常容易被熟悉继电器控制的技术人员掌握，特别适用于数字量逻辑控制。

梯形图由触点、线圈和用方框表示的功能块组成。触点代表逻辑输入条件，如外部的开关、按钮、内部条件等。线圈通常代表逻辑输出结果，用来控制外部的指示灯、接触器、内部的输出条件等。功能块用来表示定时器、计数器或数学运算等指令。

在分析梯形图的逻辑关系时，为了借用继电器电路图的分析方法，可以想象左右两侧垂直电源线之间有一个左正右负的直流电源电压，S7-200 PLC 的梯形图中省略了右侧的垂直电源线，如图 1-9 所示。

当图 1-9 中的 I0.0 或 M0.0 的触点接通时，有一个假想的"能流"流过 Q0.0 线圈。利用能流这一概念，可以帮助我们更好地理解和分析梯形图，而能流只能是从左向右流动。

触点和线圈等组成的独立电路称为网络（Network），用编程软件生成的梯形图和指令表程序中有网络编号，允许以网络为单位，给梯形图加注释。本书为节省篇幅，一般没有标注网络号。在网络中，程序的逻辑运算按从左至右的方向执行，与能流的方向一致。各网络按从上到下的顺序执行，当执行完所有的网络后，下一个扫描周期返回到最上面的网络重新执行。使用编程软件可以直接生成和编辑梯形图。

（3）功能块图

功能块图是一种类似于数字逻辑电路的编程语言。该编程语言用类似与门、或门的方框来表示逻辑运算关系，方框的左侧为逻辑运算的输入变量，右侧为输出变量，输入、输出端的小圆圈表示"非"运算，方框用导线连接在一起，能流就从左向右流动。图 1-10 中的控制逻辑与图 1-9 中的控制逻辑完全相同。

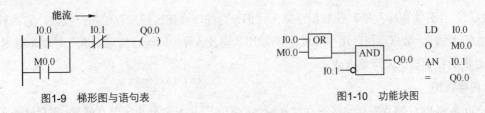

图1-9　梯形图与语句表　　　　　　　　　　图1-10　功能块图

（4）语句表

语句表是一种与计算机的汇编语言中的指令相似的助记符表达式，由指令组成语句表程序。

（5）结构文本

结构文本是一种专用的高级编程语言，与梯形图相比，它能实现复杂的数学运算，编写的程序非常简洁和紧凑。

（6）编程语言的相互转换和选用

在 S7-200 PLC 编程软件中，用户常选用梯形图和语句表编程，编程软件可以自动切换用户程序使用的编程语言。

梯形图中输入信号与输出信号之间的关系一目了然，易于理解，而语句表程序却较难阅读，其中的逻辑关系很难一眼看出。在设计复杂的数字量控制程序时建议使用梯形图语言。但语句表输入方便快捷，还可以为每一条语句加上注释，在设计通信、数学运算等高级应用程序时，建议使用语句表。

梯形图的一个网络中只能有一块独立电路。在语句表中，几块独立电路对应的语句可以放在一个网络中，但是这样的网络不能转换为梯形图，而梯形图程序一定能转换为语句表程序。

2. S7-200 的程序结构

S7-200 系列 PLC 的 CPU 控制程序由主程序、子程序和中断程序组成。

（1）主程序

主程序是程序的主体，每一个项目都必须并且只能有一个主程序。在主程序中可以调用子程序和中断程序。

主程序通过指令控制整个应用程序的执行，每个扫描周期都要执行一次主程序。因为各个程序都存放在独立的程序块中，各程序结束时不需要加入无条件结束指令或无条件返回指令。

（2）子程序

子程序仅在被其他程序调用时执行。同一个子程序可以在不同的地方被多次调用。使用子程序可以简化程序代码和减少扫描时间。

（3）中断程序

中断程序用来及时处理与用户程序的执行时序无关的操作，或者不能事先预测何时发生的中断事件。中断程序不是由用户程序调用，而是在中断事件发生时由操作系统调用。中断程序是用户编写的。

1.2.4   S7-200 系列 PLC 的内存结构及寻址方式

PLC 的内存分为程序存储区和数据存储区两部分。程序存储区用来存放用户程序，它由机器按顺序自动存储程序。数据存储区用来存放输入/输出状态及各种中间运行结果。本节主要介绍 S7-200 系列 PLC 的数据存储区及寻址方式。

1. 内存结构

S7-200 系列 PLC 的数据存储区按存储器存储数据的长短可划分为字节存储器、字存储器和双字存储器 3 类。字节存储器有 7 个，如输入映像寄存器（I）、输出映像寄存器（Q）、变量存储器（V）、位存储器（M）、特殊存储器（SM）、顺序控制继电器（S）、局部变量存储器（L）；字存储器有 4 个，如定时器（T）、计数器（C）、模拟量输入映像寄存器（AI）和模拟量输出映像寄存器（AQ）；双字存储器有 2 个，如累加器（AC）和高速计数器（HC）。

（1）输入映像寄存器

输入映像寄存器是 PLC 用来接收用户设备发来的输入信号的。输入映像寄存器与 PLC 的输入点相连，如图 1-11（a）所示。编程时应注意，输入映像寄存器的线圈必须由外部信号来驱动，不能在程序内部用指令来驱动。因此，在程序中输入映像寄存器只有触点，而没有线圈。

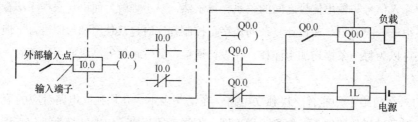

（a）输入映像寄存器等效电路   （b）输出映像寄存器等效电路

图1-11   输入/输出映像寄存器示意图

输入映像寄存器地址的编号范围为 I0.0～I15.7。

I、Q、V、M、SM、L 均可以按字节、字、双字存取。

（2）输出映像寄存器

输出映像寄存器用来存放 CPU 执行程序的数据结果，并在输出扫描阶段，将输出映像寄存器的数据结果传送给输出模块，再由输出模块驱动外部的负载，如图 1-11（b）所示。若梯形图中 Q0.0 的线圈通电，对应的硬件继电器的常开触点闭合，使接在标号 Q0.0 端子的外部负载通电，反之则外部负载断电。

在梯形图中每一个输出映像寄存器常开和常闭触点可以多次使用。

（3）变量存储器

变量存储器用来在程序执行过程中存放中间结果，或者用来保存与工序或任务有关的其他数据。

（4）位存储器

位存储器（M0.0～M31.7）类似于继电器—接触器控制系统中的中间继电器，用来存放中间操作状态或其他控制信息。虽然名为"位存储器"，但是也可以按字节、字、双字来存取。

S7-200 系列 PLC 的 M 存储区只有 32 个字节（即 MB0～MB31）。如果不够用可以用 V 存储区来代替 M 存储区。可以按位、字节、字、双字来存取 V 存储区的数据，如 V10.1、VB0、VW100、VD200 等。

（5）特殊存储器

特殊存储器用于 CPU 与用户之间交换信息，例如 SM0.0 一直为 1 状态，SM0.1 仅在执行用户程序的第一个扫描周期为 1 状态。SM0.4 和 SM0.5 分别提供周期为 1 min 和 1 s 的时钟脉冲。SM1.0、SM1.1 和 SM1.2 分别为零标志位、溢出标志位和负数标志位，各特殊存储器的功能见附表 1。

（6）顺序控制继电器

顺序控制继电器又称状态组件，与顺序控制继电器指令配合使用，用于组织设备的顺序操作，以实现顺序控制和步进控制。可以按位、字节、字或双字来取 S 位，编址范围为 S0.0～S31.7。

（7）局部变量存储器

S7-200 PLC 有 64 个字节的局部变量存储器，编址范围为 LB0.0～LB63.7，其中 60 个字节可以用作暂时存储器或者给子程序传递参数。如果用梯形图编程，编程软件保留这些局部变量存储器的后 4 个字节。如果用语句表编程，可以使用所有的 64 个字节，但建议不要使用最后 4 个字节，最后 4 个字节为系统保留字节。

局部变量存储器和变量存储器很相似，主要区别在于局部变量存储器是局部有效的，变量存储器则是全局有效。全局有效是指同一个存储器可以被任何程序（如主程序、中断程序或子程序）存取，局部有效是指存储区和特定的程序相关联。

（8）定时器

PLC 中定时器相当于继电器系统中的时间继电器，用于延时控制。S7-200 PLC 有 3 种定时器，它们的时基增量分别为 1 ms、10 ms 和 100 ms，定时器的当前值寄存器是 16 位有符号的整数，用于存储定时器累计的时基增量值（1～32 767）。

定时器的地址编号范围为 T0～T255，它们的分辨率和定时范围各不相同，用户应根据所用 CPU 型号及时基，正确选用定时器编号。

（9）计数器

计数器主要用来累计输入脉冲个数，其结构与定时器相似，其设定值在程序中赋予。CPU 提供了

3 种类型的计数器，分别为加计数器、减计数器和加/减计数器。计数器的当前值为 16 位有符号整数，用来存放累计的脉冲数（1~32 767）。计数器的地址编号范围为 C0~C255。

（10）累加器

累加器是用来暂存数据的寄存器，可以同子程序之间传递参数，以及存储计算结果的中间值。S7-200 CPU 中提供了 4 个 32 位累加器 AC0~AC3。累加器支持以字节、字和双字的存取。按字节或字为单位存取时，累加器只使用低 8 位或低 16 位，数据存储长度由所用指令决定。

（11）高速计数器

CPU 224 PLC 提供了 6 个高速计数器（每个计数器最高频率为 30 kHz），用来累计比 CPU 扫描速率更快的事件。高速计数器的当前值为双字长的符号整数，且为只读值。高速计数器的地址由符号 HC 和编号组成，如 HC0，HC1，…，HC5。

（12）模拟量输入映像寄存器

模拟量输入映像寄存器用于接收模拟量输入模块转换后的 16 位数字量，其地址编号为 AIW0，AIW2…模拟量输入映像寄存器 AI 的数据为只读数据。

（13）模拟量输出映像寄存器

模拟量输出映像寄存器用于暂存模拟量输出模块的输入值，该值经过模拟量输出模块（D/A）转换为现场所需要的标准电压或电流信号，其地址编号以偶数表示，如 AQW0，AQW2…模拟量输出值是只写数据，用户不能读取模拟量输出值。

2. 寻址方式

（1）编址方式

在计算机中使用的数据均为二进制数，二进制数的基本单位是 1 个二进制位，8 个二进制位组成 1 个字节，2 个字节组成一个字，2 个字组成一个双字。

存储器的单位可以是位、字节、字、双字，编址方式也可以是位、字节、字、双字。存储单元的地址由区域标识符、字节地址和位地址组成。

位编址：寄存器标识符+字节地址+位地址，如 I0.1、M0.0、Q0.3 等。

字节编址：寄存器标识符+字节长度（B）+字节号，如 IB0、VB10、QB0 等。

字编址：寄存器标识符+字长度（W）+起始字节号，如 VW0 表示 VB0、VB1 这两个字节组成的字。

双字编址：寄存器标识符+双字长度（D）+起始字节号，如 VD20 表示由 VW20、VW21 这两个字组成的双字或由 VB20、VB21、VB22、VB23 这 4 个字节组成的双字。

字节、字、双字的编址方式如图 1-12 所示。

（2）寻址方式

S7-200 系列 PLC 指令系统的寻址方式有立即寻址、直接寻址和间接寻址。

① 立即寻址。对立即数直接进行读写操作的寻址方式称为立即寻址。立即数寻址的数据在指令中以常数形式出现，常数的大小由数据的长度（二进制数的位数）决定。不同数据的取值范围如表 1-4 所示。

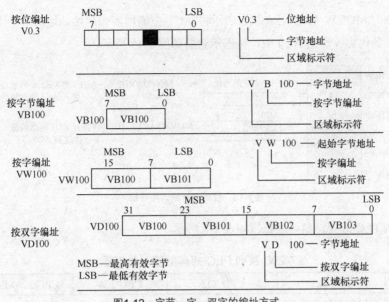

图1-12　字节、字、双字的编址方式

表 1-4　　　　　　　　　　　　数据大小范围及相关整数范围

数据大小	无符号数范围		有符号数范围	
	十进制	十六进制	十进制	十六进制
字节（8 位）	0～255	0～FF	−128～+127	80～7F
字（16 位）	0～65 535	0～FFFF	−32 768～+32 768	8 000～7FFF
双字（32 位）	0～4 294 967 295	0～FFFFFFFF	−2 147 483 648～+2 147 483 647	800 000 000～7FFFFFFF

S7-200 系列 PLC 中，常数值可为字节、字、双字，存储器以二进制方式存储所有常数。指令中可用二进制、十进制、十六进制或 ASCII 码形式来表示常数，其具体格式如下所述。

二进制格式：在二进制数前加 2# 表示，如 2#1010。

十进制格式：直接用十进制数表示，如 12345。

十六进制格式：在十六进制数前加 16# 表示，如 16#4E4F。

ASCII 码格式：用单引号 ASCII 码文本表示，如 ‘goodbye’。

② 直接寻址。直接寻址是指在指令中直接使用存储器的地址编号，直接到指定的区域读取或写入数据，如 I0.1、MB10、VW200 等。

③ 间接寻址。S7-200 PLC 允许用指针对下述存储区域进行间接寻址：I、Q、V、M、S、AI、AQ、T（仅当前值）和 C（仅当前值）。间接寻址不能用于位地址、HC 或 L。

在使用间接寻址之前，首先要创建一个指向该位置的指针，指针为双字值，用来存放一个存储器的地址，只能用 V、L 或 AC 作指针。建立指针时必须用双字传送指令（MOVD），将需要间接寻址的存储器地址送到指针中，如 “MOVD&VB200, AC1”。指针也可以为子程序传递参数。&VB200表示 VB200 的地址，而不是 VB200 中的值，该指令的含义是将 VB200 的地址送到累加器 AC1 中。

指针建立好后，可利用指针存取数据。用指针存取数据时，在操作数前加 “*”，表示该操作数为 1 个指针，如 "MOVW *AC1，AC0" 表示将 AC1 中的内容为起始地址的一个字长的数据（即 VB200、VB201 的内容）送到 AC0 中，传送示意图如图 1-13 所示。

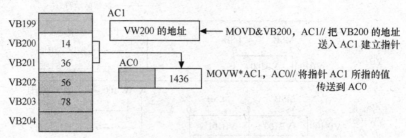

图1-13　使用指针的间接寻址

S7-200 系列 PLC 的存储器寻址范围如表 1-5 所示。

表 1-5　　　　　　　　S7-200 系列 PLC 的存储器寻址范围

寻址方式	CPU 221	CPU 222	CPU 224	CPU 224XP	CPU 226
位存取（字节、位）	I0.0～I15.7　Q0.0～Q15.7　M0.0～M31.7　T0～T255　C0～C255　L0.0～L59.7				
	V0.0～V2047.7		V0.0～8191.7	V0.0～V10 239.7	
	SM0.0～SM179.7	SM0.0～SM199.7	SM0.0～SM549.7		
字节存取	IB0～IB15　QB0～QB15　MB0～MB31　SB0～SB31　LB0～LB59　AC0～AC3				
	VB0～VB2 047		VB0～VB8 191	VB0～VB10 239	
	SMB0.0～SMB179	SMB0.0～SMB299	SMB0.0～SMB549		
字存取	IW0～IW14　QW0～QW14　MW0～MW30　SW0～SW30　T0～T255　C0～C255　LW0～LW58　AC0～AC3				
	VW0～VW2 046		VW0～VW8 190	VW0～VW10 238	
	SMW0～SMW178	SMW0～SMW298	SMW0～SMW548		
	AIW0～AIW30	AQW0～AQW30	AIW0～AIW62	AQW0～AQW30	
双字存取	ID0～ID2044　QD0～QD12　MD0～MD28　SD0～SD28　LD0～LD56　AC0～AC3				
	VD0～VD2 044		VD0～VD8 188	VD0～VD10 236	
	SMD0～SMD176	SMD0～SMD296	SMD0～SMD546		

1.3　STEP7-Micro/WIN V4.0 编程软件介绍

1.3.1　编程软件的安装与项目的组成

1. 编程软件的安装

安装编程软件的计算机应使用 Windows 操作系统。为了实现 PLC 与计算机的通信，必须配备下列设备中的一种。

① 1 条 PC/PPI 电缆或 PPI 多主站电缆。

② 1 块插在个人计算机中的通信处理器卡和 MPI（多点接口）电缆。

双击光盘中的文件 "STEP 7-Micro/WINV4.0 演示版.exe"，开始安装编程软件，使用默认的安装语言（英语）。安装结束后，弹出"Install Shicld Wizart"对话框，显示安装成功的信息。单击"Finish"按钮退出安装程序。

安装成功后，双击桌面上的"STEP 7-MicroWIN"图标，打开编程软件，看到的是英文的界面。执行菜单命令"Tools"→"Options"，单击出现的对话框左边的"General"图标，在"General"选项卡中，选择语言为"Chinese"。退出"STEP 7-MicroWIN"后，再进入该软件，界面和帮助文件均已变成中文的了。

2. 项目的组成

图 1-14 所示为 STEP 7-Micro/WIN V4.0 版 PLC 编程软件的界面，项目包括下列基本组件。

（1）程序块

程序块由可执行的代码和注释组成，可执行的代码由主程序、可选的子程序和中断程序组成。代码被编译并下载到 PLC，程序注释被忽略。

（2）数据块

数据块由数据（变量存储器的初始值）和注释组成。数据被编译并下载到 PLC，注释被忽略。数据块的编写方法见 1.3.2 节。

（3）系统块

系统块用来设置系统参数，如存储器的断电保持范围、密码、STOP 模式时 PLC 的输出状态（输出表）、模拟量与数字量输入滤波值、脉冲捕捉等。系统块中的信息需要下载到 PLC，如果没有特殊的要求，一般可以采用默认的参数值。

（4）符号表

符号表允许用符号来代替存储器的地址，符号便于记忆，使程序更容易理解。程序编辑后下载到 PLC 时，所有的符号地址被转换为绝对地址，符号表中的信息不会下载到 PLC。

（5）状态表

状态表用来监视、修改和强制程序执行时指定的变量的状态，状态表并不下载到 PLC，仅是监控用户程序运行情况的一种工具。

（6）交叉引用

交叉引用列举出程序中使用的各编程组件所有的触点、线圈等在哪一个程序块的哪一个网络中出现，以及对应的指令的助记符。还可以查看哪些存储器区域已经被使用，是作为位使用还是作为字节、字或双字使用。在运行模式下编写程序时，可以查看程序当前正在使用的跳变触点的编号。

双击交叉引用某一行，可以显示出该行的操作数和指令对应的程序块中的网络。

双击交叉引用并不下载到 PLC，程序编译后才能看到双击交叉引用的内容。

（7）项目中各部分的参数设置

执行菜单命令"工具"→"选项"，在出现的对话框中选择某一选项卡，可以进行有关的参数设置。

浏览条的功能与指令树重叠，可以用右键单击浏览条，执行出现的快捷菜单中的"隐藏"命令来关闭浏览条。

1.3.2　STEP 7-Micro/WIN V4.0 主界面

如图 1-14 所示，主界面一般可分为以下几个部分：菜单条、工具条、浏览条、指令树、用户窗口、输出窗口和状态条。除菜单条外，用户可以根据需要通过查看菜单和窗口菜单决定其他窗口的取舍和样式的设置。

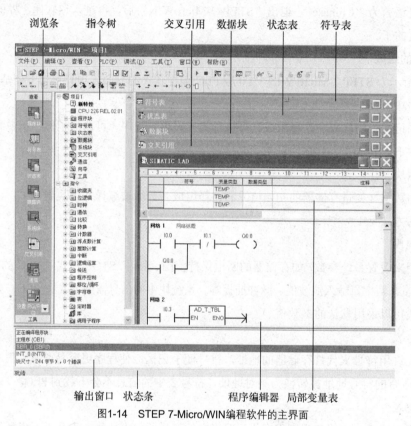

图1-14　STEP 7-Micro/WIN编程软件的主界面

1. 主菜单

主菜单包括文件、编辑、查看、PLC、调试、工具、窗口和帮助 8 个主菜单项，各主菜单项的功能如下所述。

① 文件菜单：操作项目主要有对文件进行新建、打开、关闭、保存、另存、导入、导出、上传、下载、页面设置、打印、预览、退出等操作。

② 编辑菜单：可以实现剪切/复制/粘贴、插入、查找/替换/转至等操作。

③ 查看菜单：用于选择各种编辑器，如程序编辑器、数据块编辑器、符号表编辑器、状态图编辑器、交叉引用查看以及系统块和通信参数设置等。

查看菜单可以控制程序注解、网络注解以及浏览条、指令树和输出视窗的显示与隐藏，还可以对程序块的属性进行设置。

④ PLC 菜单：用于与 PLC 连机时的操作，如用软件改变 PLC 的运行方式（运行、停止），对用户程序进行编译，清除 PLC 程序，电源启动重置，查看 PLC 的信息、时钟、存储卡的操作，程序比

较，PLC 类型选择的操作。其中对用户程序进行编译可以离线进行。

⑤ 调试菜单：用于连机时的动态调试。调试时可以指定 PLC 对程序执行有限次数扫描（从 1 次扫描到 65 535 次扫描）。通过选择 PLC 运行的扫描次数，可以在程序改变过程变量时对其进行监控。第 1 次扫描时，SM0.1 数值为 1（打开）。

⑥ 工具菜单：提供复杂指令向导（PID、HSC、NETR/NETW 指令），使复杂指令编程时的工作简化；提供文本显示器 TD200 设置向导；定制子菜单可以更改 STEP7-Micro/WIN 工具条的外观或内容以及在"工具"菜单中增加常用工具；选项子菜单可以设置 3 种编辑器的风格，如字体、指令盒的大小等样式。

⑦ 窗口菜单：可以设置窗口的排放形式，如层叠、水平、垂直。

⑧ 帮助菜单：可以提供 S7-200 的指令系统及编程软件的所有信息，并提供在线帮助、网上查询和访问等功能。

2．工具条

（1）标准工具条

标准工具条（见图 1-15）各快捷按钮从左到右分别为：新建项目、打开现有项目、保存当前项目、打印、打印预览、剪切选项并复制至剪贴板、将选项复制至剪贴板、在光标位置粘贴剪切板内容、撤销最后一个条目、编译程序块或数据块（任意一个现用窗口）、全部编译（程序块、数据块和系统块）、将项目从 PLC 上载至 STEP7-Micro/WIN、从 STEP7-Micro/WIN 下载至 PLC、符号表名称列按照 A～Z 从小至大排序、符号表名称列按 Z～A 从大至小排序、选项。

图1-15　标准工具条

（2）调试工具条

调试工具条（见图 1-16）各快捷按钮从左到右分别为：将 PLC 设为运行模式、将 PLC 设为停止模式、在程序状态打开/关闭之间切换、状态图表单次读取、状态图表全部写入、强制 PLC 数据、取消强制 PLC 数据、状态图表全部取消强制、状态图表全部读取强制数值。

图1-16　调试工具条

（3）公用工具条

公用工具条（见图 1-17）各快捷按钮从左到右分别为：插入网络、删除网络、程序注解显示与隐藏之间切换、网络注释、查看/隐藏每个网络的符号表、切换书签、下一个书签、上一个书签、消除全部书签、在项目中应用所有符号、建立表格未定义符号、常量说明符打开/关闭之间切换。

（4）LAD 指令工具条

LAD 指令工具条（见图 1-18）各快捷按钮从左到右分别为：插入向下直线、插入向上直线、插入左行、插入右行、插入触点、插入线圈、插入指令盒。

图1-17　公用工具条

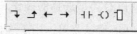

图1-18　LAD指令工具条

3. 浏览条

浏览条为编程提供按钮控制，可以实现窗口的快速切换，即对编程工具执行直接按钮存取，包括程序块、符号表、状态图、数据块、系统块、交叉引用和通信。单击上述任意按钮，则主窗口切换成此按钮对应的窗口。

4. 指令树

指令树以树形结构提供编程时用到的所有快捷操作命令和 PLC 指令，可分为项目分支和指令分支。项目分支用于组织程序项目，指令分支用于输入程序。

5. 用户窗口

可同时或分别打开 6 个用户窗口，分别为交叉引用、数据块、状态图、符号表、程序编辑器和局部变量表。

（1）交叉引用

在程序编译成功后，可用下面的方法之一打开"交叉引用"窗口。

① 用菜单命令："查看"→"交叉引用"。

② 单击浏览条中的"交叉引用"按钮。

交叉引用列出在程序中使用的各操作数所在的程序组织单元（POU）、网络或行位置，以及每次使用各操作数的语句表指令。通过交叉引用还可以查看哪些内存区域已经被使用，是作为位还是作为字节使用。在运行方式下编辑程序时，交叉引用可以查看程序当前正在使用的跳变信号的地址。交叉引用不能下载到 PLC，在程序编译成功后，才能打开交叉引用。在交叉引用中双击某操作数，可以显示出包含该操作数的那一部分程序。

（2）数据块

数据块可以设置和修改变量存储器的初始值和常数值，并加注必要的注释说明。用下面的任意一种方法均可打开"数据块"窗口。

① 单击浏览条上的"数据块"窗口。

② 用菜单命令："查看"→"组件"→"数据块"。

③ 单击指令树中的"数据块"图标。

（3）状态图

将程序下载到 PLC 后，可以建立一个或多个状态图，在联机调试时，进入状态图监控状态，可监视各变量的值和状态。状态图不能下载到 PLC，它只是监视用户程序运行的一种工具。用下面的任意一种方法均可打开"状态图"窗口。

① 单击浏览条上的"状态图"按钮。

② 用菜单命令："查看"→"组件"→"状态图"。

③ 单击指令树中的"状态图"文件夹，然后双击"状态图"图标。

若在项目中有一个以上的状态图，使用位于"状态图"窗口底部的标签在状态图之间切换。

（4）符号表

符号表是程序员用符号编址的一种工具表。在编程时不采用组件的直接地址作为操作数，而用有实际含义的自定义符号名作为编程组件的操作数，这样可使程序更容易理解。符号表则建立了自定义符号名与直接地址编号之间的关系。程序被编译后下载到 PLC 时，所有的符号地址被转换为绝对地址，符号表中的信息不能下载到 PLC。用下面的任意一种方法均可打开"符号表"窗口。

① 单击浏览条中的"符号表"按钮。

② 用菜单命令："查看"→"符号表"。

③ 单击指令树中的"符号表或全局变量表"文件夹，然后双击一个表格图标。

（5）程序编辑器

"程序编辑器"窗口的打开方法如下所述。

① 单击浏览条中的"程序块"按钮，打开程序编辑器窗口，单击窗口下方的主程序、子程序、中断程序标签，可自由切换程序窗口。

② 单击指令树中的"程序块"图标，然后双击"主程序"图标、"子程序"图标或"中断程序"图标。

"程序编辑器"的设置方法如下所述。

① 用菜单命令："工具"→"选项"→"程序编辑器"标签，设置编辑器选项。

② 使用选项快捷按钮→设置"程序编辑器"选项。

"指令语言"的选择方法如下所述。

① 用菜单命令："查看"→"LAD、FBD、STL"更改编辑器类型。

② 用菜单命令："工具"→"选项"→"一般"标签，可更改编辑器（LAD、FBD 或 STL）和编程模式（SIMATIC 或 IEC 113-3）。

（6）局部变量表

程序中的每个程序块都有自己的局部变量表，局部变量表用来定义局部变量，局部变量只在建立该局部变量的程序块中才有效。在带参数的子程序调用中，参数的传递就是通过局部变量表。将水平分裂条拉至程序编辑器窗口的顶部，局部变量表不再显示，但仍然存在。

6. 输出窗口

输出窗口用来显示 STEP 7-Micro/WIN 程序编译的结果，如编译结果有无错误，错误编码和位置等。通过菜单命令"查看"→"帧"→"输出窗口"，可打开或关闭输出窗口。

7. 状态条

状态条提供有关在 STEP 7-Micro/WIN 中操作的信息。

1.3.3　STEP 7-Micro/WIN V4.0 程序的编写与传送

1. 编辑的准备工作

（1）创建项目或打开已有的项目

在为控制系统编程之前，首先应创建一个项目，通过菜单命令"文件"→"新建"或单击工具条最左边的"新建项目"按钮，生成一个新的项目。执行菜单命令"文件"→"另存为"，可以修改项目的名称和项目文件所在的文件夹。

执行菜单命令"文件"→"打开"，或者单击工具条上对应的打开按钮，可以打开已有的项目，项目存放在扩展名为 mwp 的文件中，可以修改项目的名称和项目文件所在的文件夹。

（2）设置 PLC 的型号

在给 PLC 编程之前，应正确地设置其型号，执行菜单命令"PLC"→"型号"，在出现的对话框中设置 PLC 的型号。如果已经成功地建立起与 PLC 的通信连接，单击对话框中的"读取 PLC"按钮，可以通过通信读出 PLC 的型号与 CPU 的版本号。按"确认"按钮后启用新的型号和版本。

指令树用红色标记"×"表示对选择的 PLC 的型号无效的指令。如果设置的 PLC 型号与实际的 PLC 型号不一致，不能下载系统块。

2. 编写与传送用户程序

（1）编写用户程序

用选择的编程语言编写用户程序。梯形图程序被划分为若干个网络，一个网络中只能有一块独立的电路，如果一个网络中有两块独立的电路，在编译时将会显示"无效网络或网络太复杂无法编辑"。

语句表允许将若干个独立的电路对应的语句表放在一个网络中，但是这样的网络不能转换为梯形图。

在生成梯形图程序时，可有以下方法：在指令树中选择需要的指令，拖放到需要的位置；将光标放在需要的位置，在指令树中双击需要的指令；将光标放在需要的位置，单击工具栏指令按钮，打开一个通用指令窗口，选择需要的指令；使用键 F4=触点，F6=线圈，F9=功能块，打开一个通用指令窗口，选择需要的指令。

当编程元件图形（触点或线圈）出现在指定位置后，再单击编程元件符号的??.?，输入操作数。红色字样显示语法出错，当把不合法的地址或符号改变为合法值时，红色字样消失。数值下面出现红色的波浪线，则表示输入的操作数超出范围或与指令的类型不匹配。

在梯形图编辑器中可对程序进行注释。注释级别共有 4 个：程序注释、网络标题、网络注释和程序属性。

"属性"对话框中有两个标签，"一般"和"保护"。选择"一般"可为子程序、中断程序和主程序块重新编号和重新命名，并为项目指定一个作者。选择"保护"则可以选择一个密码保护程序，可使其他用户无法看到该程序，并在下载时加密。若用密码保护程序，则选择"用密码保护该 POU"复选框，输入一个 4 个字符的密码并核实该密码。

（2）对网络的操作

① 剪切、复制、粘贴或删除多个网络。通过用 Shift 键+鼠标单击，可以选择多个相邻的网络，进行剪切，复制，粘贴或删除行、列、垂直线或水平线的操作，在操作时不能选择网络的一部分，只能选择整个网络。

② 编辑单元格、指令、地址和网络。用光标选中需要进行编辑的单元，单击右键，弹出快捷

菜单，可以进行插入或删除行、列、垂直或水平线的操作。删除垂直线时把方框放在垂直线左边单元上，删除时选"行"，或按"Del"键。进行插入编辑时，先将方框光标移至欲插入的位置，然后选"列"。

③ 程序的编辑。程序的编辑操作用于检查程序块、数据块及系统块是否存在错误，程序经过编译后，才能下载到 PLC。单击"编译"按钮或选择菜单命令"PLC"→"编译"，编译当前被激活的窗口中的程序块或数据块；单击"全部编译"按钮或选择菜单命令"PLC"→"全部编译"，编译全部项目元件（程序块、数据块和系统块）。使用"全部编译"与哪一个窗口是活动窗口无关。编辑的结果显示在主窗口下方的输出窗口中。

（3）程序的下载与上传

① 下载程序。计算机和 PLC 之间建立了通信连接后，可以将程序下载到 PLC 中去。单击工具栏中的"下载"按钮，或者执行菜单命令"文件"→"下载"，将会出现下载对话框，如图 1-19 所示。用户可以用多选框选择是否下载程序块、数据块、系统块、配方和数据记录配置。不能下载或上载符号表或状态表。单击"下载"按钮，开始下载数据。

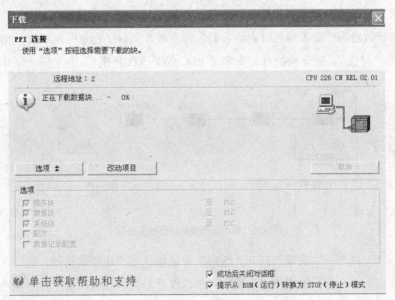

图1-19　下载对话框

下载应在 STOP 模式下进行，下载时可以将 CPU 自动切换到 STOP 模式，下载结束后可以自动切换到 RUN 模式。可以用多选框选择下载之前从"RUN"模式切换到"STOP"模式，或从"STOP"模式切换到"RUN"模式是否需要提示。

② 上传程序。上载前应建立起计算机与 PLC 之间的通信连接，在 STEP 7-Micro/WIN V4.0 中新建一个空项目用来保存上载的块，项目中原有的内容被上载的内容覆盖。

3. 程序的运行调试与状态监控

（1）程序的运行

下载程序后，将 PLC 的工作模式开关置于 RUN 位置，RUNLED 亮，用户程序开始运行。工作模式开关在 RUN 位置时，可以用编程软件工具条上的 RUN 按钮和 STOP 按钮切换 PLC 的操作模式。

（2）程序的调试

程序的调试是指在运行模式下，用接在 PLC 输入端子的各开关（如 I0.0 或 I0.1）的通/断状态，来观察 PLC 输出端（如 Q0.0 或 Q0.1）对应的 LED 状态变化，是否符合控制要求。

（3）程序状态监控

在运行 STEP 7-Micro/WIN 的计算机与 PLC 之间建立起通信连接，并将程序下载到 PLC 后，执行菜单"调试"→"开始程序状态监控"，或单击工具条中的"程序状态监控"按钮，可以用程序状态监控程序运行情况。

若需要停止程序状态监控，单击工具条中的"暂停程序状态监控"按钮，当前的数据保存在屏幕上，再次单击该按钮，继续执行程序状态监控。

① 梯形图程序的程序状态监控。在 RUN 模式启动程序状态功能后，将用颜色显示出梯形图中各元件的状态，如图 1-20 所示，左边的垂直"左母线"与它相连的水平"导线"变为蓝色。如果位操作数为 1，其常开触点和线圈变为蓝色，它们中间出现蓝色方块，有"能流"通过的"导线"也变为蓝色。如果有"能流"流入方框指令的使能输入端，且该指令被执行时，方框指令的方框变为蓝色。定时器和计数器的方框为绿色时表示它们包含有效数据。红色方框表示执行指令时出现了错误。灰色表示无"能流"、指令被跳过、未调或 PLC 处于 STOP 模式。

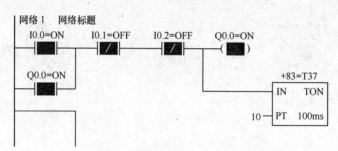

图1-20 梯形图程序的程序状态监控

用菜单命令"工具"→"选项"打开"选项"对话框，在"程序编辑器"选项卡中设置梯形图编辑器中栅格（即矩形光标）的宽度、字符的大小、仅显示符号或同时显示符号和地址等。

② 语句表程序的程序状态监控。语句表和梯形图的程序状态监控功能的方法完全相同。在菜单命令"工具"→"选项"打开的窗口中，选择"程序编辑器"中的"STL 状态"选项卡，可以选择语句表程序状态监控的内容。每条指令最多可以监控 17 个操作数、逻辑栈中 4 个当前值和 1 个指令状态位。

1-1   S7-200 系列 PLC 的外部结构主要由几部分组成？各是什么？

1-2　S7-200 系列 PLC 有几种编程语言？各为什么语言？

1-3　PLC 的程序结构主要包括哪几个程序？

1-4　S7-200 系列 PLC 寻址方式有几种？如何实现间接寻址？

1-5　S7-200 系列 PLC 的数据存储区按存储器存储数据的长短可分为几种类型？其中字节存储器有几个？各为什么存储器？分别用什么符号表示？

实训课题 1　编程软件的使用

1．实训内容

（1）了解 S7-200 系列 PLC 硬件的组成及各部分的功能。

（2）掌握 S7-200 系列 PLC 输入/输出接口各点的分布、编号范围及接线方法。

（3）掌握 S7-200 系列 PLC 面板上各指示灯的作用。

（4）了解并掌握程序的录入、编辑及调试方法。

2．实训指导

（1）认识 PLC。记录所使用的 PLC 型号、输入输出点数，观察主机面板的结构、各指示灯的功能及 PLC 与 PC 之间的连接。

（2）开机（打开 PC 机和 PLC）并新建一个项目。

（3）程序录入。①在梯形图编辑器中输入、编辑图 1-21 所示的梯形图，并将其转换成语句表程序。②给梯形图加 POU 注释、网络标题、网络注释。

（4）建立图 1-22 所示的符号表，并选择操作数显示形式为"符号和地址同时显示"。

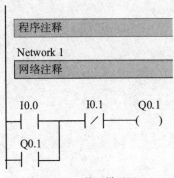

图1-21　练习梯形图

	符号	地址	注释
1	启动按钮	I0.0	
2	停止按钮	I0.1	
3	灯1	Q0.1	

图1-22　符号表的建立

（5）编译程序并观察编译结果。若提示错误，则修改，直至编译成功。

（6）下载程序到 PLC。

（7）建立图 1-23 所示的状态表。

（8）运行程序。

（9）进入状态表监控状态。①输入强制操作。因为不带负载进行运行调试，所以采用强制功能模拟物理条件。对 I0.0 进行强制 ON，在对应 I0.0 的新数值列输入 1，对 I0.1 进行强制 OFF，在对应 I0.1 的新数值列输入 0。然后单击工具条中的"强制"按钮。②监视运行结果，在状态表中观察数据的变化情况。

	地址	格式	当前值	新数值
1	I0.0	位		
2	I0.1	位		
3	Q0.0	位		
4	Q0.1	位		
5	T37	位		

图1-23　状态表

（10）梯形图程序状态监视。在 RUN 模式启动程序状态功能后，将用颜色显示出梯形图中各元件的状态，如图 1-20 所示。根据触点线圈的颜色显示情况，了解触点线圈的工作状态。

第2章

| S7-200 PLC 的基本指令 |

S7-200 系列 PLC 的 SIMATIC 指令有梯形图（LAD）、语句表（STL）和功能块图（FBD）3 种编程语言。本章以 S7-200 系列 PLC 的 SIMATIC 指令系统为例，主要讲述基本指令和梯形图、表的基本编程方法。

基本指令包括基本逻辑指令，算术、逻辑运算指令，程序控制指令等。

| 2.1 PLC 的基本逻辑指令 |

基本逻辑指令是指构成基本逻辑运算功能的指令集合，包括基本位操作指令、置位/复位指令、边沿触发指令、定时器/计数器指令等逻辑指令。

2.1.1 基本位操作指令

位操作指令是 PLC 常用的基本指令，梯形图指令有触点和线圈两大类，触点又分为常开和常闭两种形式；语句表指令有与、或以及输出等逻辑关系。位操作指令能够实现基本的位逻辑运算和控制。

1. 指令格式

梯形图指令由触点或线圈符号和直接位地址两部分组成，含有直接位地址的指令又称位操作指令，基本位操作指令操作数寻址范围：I，Q，M，SM，T，C，V，S，L 等。

指令格式及功能如表 2-1 所示。

表 2-1 　　　　　　　　　　　　　　基本位操作指令格式及功能

梯　形　图	语　句　表	功　　能
bit　　bit　　　　bit ─┤├──┤/├──────( )	LD　BIT　　LDN　BIT A　BIT　　AN　BIT O　BIT　　ON　BIT =　BIT	用于网络段起始的常开/常闭触点 常开/常闭触点串联，逻辑与/与非指令 常开/常闭触点并联，逻辑或/或非指令 线圈输出，逻辑置位指令

梯形图的触点代表 CPU 对存储器的读操作，因为计算机系统读操作的次数不受限制，所以在用户程序中常开、常闭触点使用的次数不受限制。

梯形图的线圈符号代表 CPU 对存储器的写操作，因为 PLC 采用自上而下的扫描方式工作，所以在用户程序中同一个线圈只能使用一次，多于一次时，只有最后一次有效。

语句表的基本逻辑指令由指令助记符和操作数两部分组成，操作数由可以进行位操作的寄存器元件及地址组成，如 LD I0.0。

常用指令助记符的定义如下所述。

① LD（Load）指令：装载指令，用于常开触点与左母线连接，每一个以常开触点开始的逻辑行都要使用这一指令。

② LDN（Load Not）指令：装载指令，用于常闭触点与左母线连接，每一个以常闭触点开始的逻辑行都要使用这一指令。

③ A（And）指令：与操作指令，用于常开触点的串联。

④ AN（And Not）指令：与操作指令，用于常闭触点的串联。

⑤ O（Or）指令：或操作指令，用于常开触点的并联。

⑥ ON（Or Not）指令：或操作指令，用于常闭触点的并联。

⑦ =（Out）指令：置位指令，用于线圈输出。

位操作指令程序的应用如图 2-1 所示。

梯形图分析：网络 1：当输入点 I0.1 的状态为 1 时，线圈 M0.1 通电，其常开触点闭合自锁，即使 I0.1 状态为 0 时，M0.1 线圈仍保持通电。当 I0.2 触点断开时，M0.1 线圈断电，电路停止工作。

网络 2 的工作原理请自行分析。

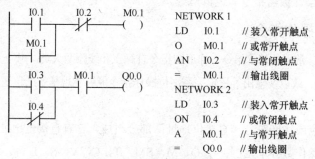

图2-1　位操作指令程序的应用

2. STL 指令对较复杂梯形图的描述方法

在较复杂梯形图中，触点的串、并联关系不能全部用简单的与、或、非逻辑关系描述。在语句表指令系统中设计了电路块的与操作和电路块的或操作指令，以及栈操作指令，下面对这类指令进行分析。

（1）栈装载与指令

栈装载与（ALD）指令，用于两个或两个以上触点并联连接的电路之间的串联，称之为并联电路块的串联连接指令。

ALD 指令的应用如图 2-2 所示。

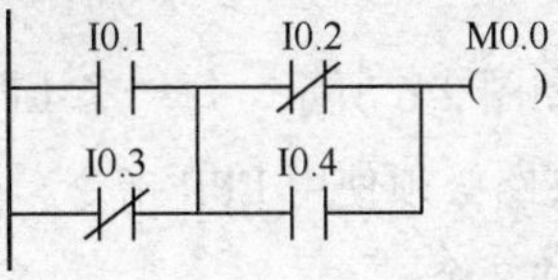

```
    I0.1      I0.2     M0.0          NETWORK 1
    ┤├───────┤/├──────( )           LD    I0.1    // 装入常开触点
                                    ON    I0.3    // 或常闭触点
    I0.3      I0.4                  LDN   I0.2    // 装入常开触点
    ┤/├───────┤├                    O     I0.4    // 或常开触点
                                    ALD           // 块与操作
                                    =     M0.0    // 输出线圈
```

图2-2　ALD指令的应用

并联电路块与前面的电路串联时，使用 ALD 指令。并联电路块的开始用 LD 或 LDN 指令，并联电路块结束后使用 ALD 指令与前面的电路串联。

（2）栈装载或指令

栈装载或（OLD）指令用于两个或两个以上的触点串联连接的电路之间的并联，称之为串联电路块的并联连接指令。

OLD 指令的应用如图 2-3 所示。

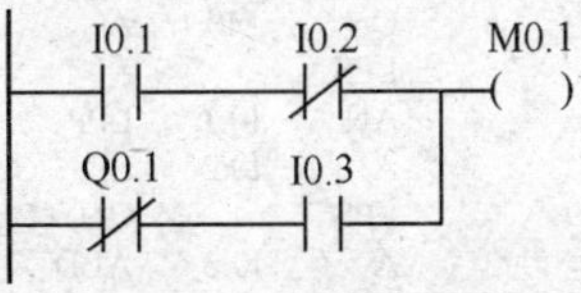

```
    I0.1      I0.2     M0.1          NETWORK 1
    ┤├───────┤/├──────( )           LD    I0.1    // 装入常开触点
                                    AN    I0.2    // 与常闭触点
    Q0.1      I0.3                  LDN   Q0.1    // 装入常闭触点
    ┤/├───────┤├                    A     I0.3    // 与常开触点
                                    OLD           // 块或操作
                                    =     M0.1    // 输出线圈
```

图2-3　OLD指令的应用

3. 栈操作指令

逻辑入栈（Logic Push，LPS）指令复制栈顶的值并将其压入栈的下一层，栈中原来的数据依次向下一层推移，栈底值被推出丢失，如图 2-4 所示。

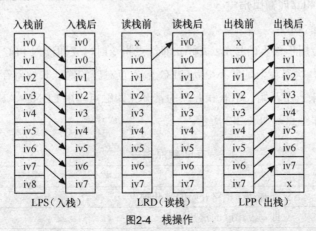

图2-4　栈操作

逻辑读栈（Logic Read，LRD）指令将栈中第 2 层的数据复制到栈顶，第 2～7 层的数据不变，但是原栈顶值消失。

逻辑出栈（Logic Pop，LPP）指令使栈中各层的数据向上移动一层，第2层的数据成为栈新的栈顶值，栈顶原来的数据从栈内消失。

使用一层栈和使用多层栈的应用举例如图2-5和图2-6所示。每一条LPS指令必须有一条对应的LPP指令，中间支路都用LRD指令，最后一条支路必须使用LPP指令。在一块独立电路中，用LPS指令同时保存在栈中的中间运算结果不能超过8个。

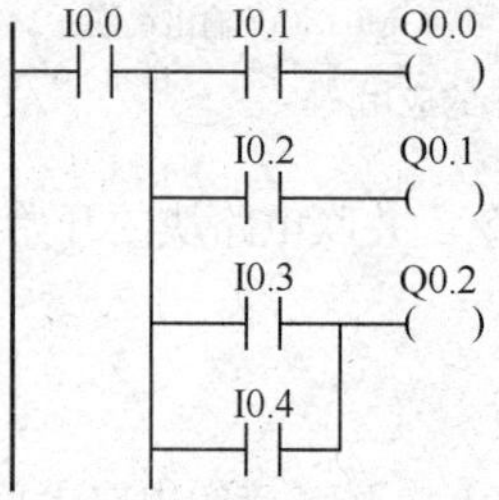

```
NETWORK 1
LD    I0.0      LPP
LPS             LD    I0.3
A     I0.1      O     I0.4
=     0.0       ALD
LRD             =     Q0.2
A     I0.2
=     Q0.1
```

图2-5　栈指令的应用

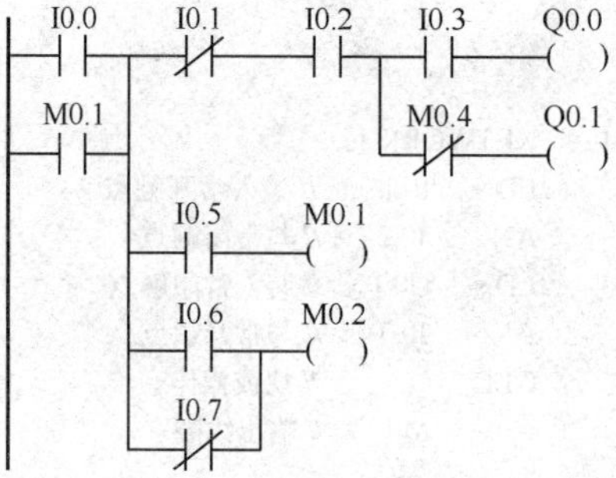

```
NETWORK 1
LD    I0.0      LRD
O     M0.1      A     I0.5
LPS             =     M0.1
AN    I0.1      LPP
A     I0.2      LD    I0.6
LPS             ON    I0.7
A     I0.3      ALD
=     Q0.0      =     M0.2
LPP
AN    M0.4
=     Q0.1
```

图2-6　双重栈指令的应用

用编程软件将梯形图转换为语句表程序时，编程软件会自动加入LPS、LRD和LPP指令。而写入语句表程序时，必须由用户来写入LPS、LRD和LPP指令。

4. 立即触点指令和立即输出指令

（1）立即触点指令

立即触点指令只能用于输入信号I，执行立即触点指令时，立即读入PLC输入点的值，根据该值决定触点的接通/断开状态，但是并不更新PLC输入点对应的输入映像寄存器的值。在语句表中分别用LDI、AI、OI来表示开始、串联和并联的常开立即触点。用LDNI、ANI、ONI来表示开始、串联和并联的常闭立即触点，如表2-2所示。

表2-2　　　　　　　　　　　立即触点指令

语　　句		描　　述
LD	bit	立即装载，电路开始的常开触点
AI	bit	立即与，串联的常开触点
OI	bit	立即或，并联的常开触点

语　　句		描　　述
LDNI	bit	取反后立即装载，电路开始的常闭触点
ANI	bit	取反后立即与，串联的常闭触点
ONI	bit	取反后立即或，并联的常闭触点

触点符号中间的"I"和"/I"用来表示立即常开触点和立即常闭触点，如图 2-7 所示。

（2）立即输出指令

执行立即输出指令时，将栈顶的值立即写入 PLC 输出位对应的输出映像寄存器。该指令只能用于输出位，线圈符号中的"I"用来表示立即输出，如图 2-7 所示。

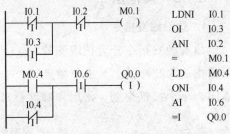

图2-7　立即触点指令与立即输出指令的应用

2.1.2　置位与复位指令

1. 置位与复位指令

置位/复位指令是将线圈设计成置位线圈和复位线圈两大部分，将存储器的置位、复位功能分离开来。S（Set）指令是置位指令，R（Reset）指令是复位指令，指令的格式及功能如表 2-3 所示。

表 2-3　　　　　　　　　　置位/复位指令格式及功能

梯　形　图	语　句　表	功　　能
S-bit　　　　S-bit ——(S)　——(S) 　N　　　　　N	S　　S-BIT,N R　　S-BIT,N	从起始位（S-BIT）开始的 N 个元件置 1 从起始位（S-BIT）开始的 N 个元件置 0

执行置位（置1）/复位（置0）指令时，从指定的位地址开始的 N 个连续的位地址都被置位或复位，$N=1\sim255$。当置位、复位输入同时有效时，复位优先。置位/复位指令的应用如图 2-8 所示，图中 $N=1$。

编程时，置位、复位线圈之间间隔的网络个数可以任意。置位、复位线圈通常成对使用，也可以单独使用或与指令盒配合使用。

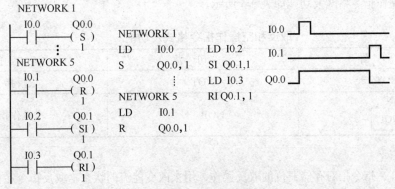

图2-8　置位/复位指令的应用

2．立即置位与复位指令

执行立即置位（SI）与立即复位（RI）指令时，从指定位地址开始的 N 个连续的输出点将被立即置位或复位，N=128，线圈中的 I 表示立即。该指令只能用于输出位，新值被同时写入输出点和输出映像寄存器，如图 2-8 所示。

2.1.3　其他指令

1．边沿触发指令

边沿触发指令分为正跳变触发（上升沿）和负跳变触发（下降沿）两种类型。正跳变触发是指输入脉冲的上升沿使触点闭合 1 个扫描周期。负跳变触发是指输入脉冲的下降沿使触点闭合 1 个扫描周期，常用作脉冲整形。边沿触发指令格式及功能如表 2-4 所示。

表 2-4　　　　　　　　　　边沿触发指令格式及功能

梯 形 图	语 句 表	功 能
─┤P├─	EU（Edge UP）	正跳变，无操作元件
─┤N├─	ED（Edge Down）	负跳变，无操作元件

指令的应用如图 2-9 所示。

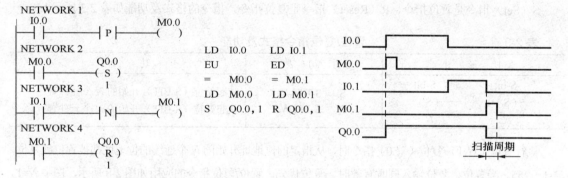

图2-9　边沿触发指令的应用及时序图

2．取反和空操作指令

取反和空操作指令格式及功能如表 2-5 所示。

表 2-5　　　　　　　　　　取反和空操作指令格式及功能

梯 形 图	语 句 表	功 能
─┤ NOT ├─	NOT	取反指令
N ─ NOP ─	NOP　N	空操作指令

（1）取反指令

取反（NOT）指令指对存储器位的取反操作，用来改变能流的状态。取反指令在梯形图中用触点形式表示，触点左侧为 1 时，右侧则为 0，能流不能到达右侧，输出无效。反之触点左侧为 0 时，右侧则为 1，能流可以通过触点向右传递。

（2）空操作指令

空操作指令（NOP）起增加程序容量的作用。使能输入有效时，执行空操作指令，将稍微延长扫描期长度，不影响用户程序的执行，不会使能流输出断开。

操作数 N 为执行空操作指令的次数，$N=0\sim255$。

取反指令和空操作指令的应用如图 2-10 所示。

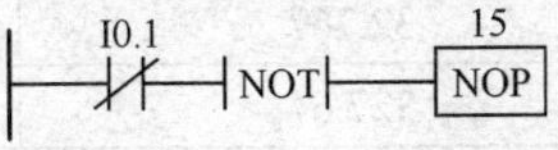

```
    I0.1           15        LDN  I0.1
 ──┤/├──NOT──┤NOP├          NOT        //条件满足时
                            NOP  15    //空操作 15 次
```

图2-10　取反指令和空操作指令的应用

2.2　定时器与计数器指令

2.2.1　定时器指令

S7-200 PLC 的定时器为增量型定时器，用于实现时间控制，可以按照工作方式和时间基准（时基）分类，时间基准又称为定时精度或分辨率。

1. 工作方式

按照工作方式，定时器可分为接通延时定时器（TON）、保持型接通延时定时器（TONR）、断开延时定时器（TOF）3 种。

2. 时间基准

按照时间基准，定时器又分为 1 ms、10 ms、100 ms 3 种类型，不同的时间基准，定时范围和定时器的刷新方式不同。

（1）定时精度

定时器的工作原理是定时器使能输入有效后，当前值寄存器对 PLC 内部的时基脉冲增 1 计数，最小计时单位为时基脉冲的宽度。故时间基准代表着定时器的定时精度，又称为定时器的分辨率。

（2）定时范围

定时器使能输入有效后，当前值寄存器对时基脉冲递增计数，当计数值大于或等于定时器的设定值后，状态位置 1。从定时器输入有效，到状态位输出有效经过的时间为定时时间。定时时间 T 等于时基乘设定值，时基越大，定时时间越长，但精度越差。

（3）定时器的刷新方式

1 ms 定时器每隔 1 ms 刷新一次，定时器刷新与扫描周期和程序处理无关。扫描周期较长时，定时器一个周期内可能多次被刷新（多次改变当前值）。

10 ms 定时器在每个扫描周期开始时刷新，每个扫描周期之内，当前值不变。

100 ms 定时器是定时器指令执行时被刷新，下一条执行的指令即可使用刷新后的结果，但应当注意，如果该定时器的指令不是每个周期都执行（如条件跳转时），定时器就不能及时刷新，可能会导致出错。

CPU 22X 系列 PLC 的 256 个定时器分为 TON（TOF）和 TONR 工作方式，以及 3 种时间基准，TOF 与 TON 共享同一组定时器，不能重复使用。定时器的分辨率和编号范围如表 2-6 所示。

使用定时器时应参照表 2-6 的时间基准和工作方式合理选择定时器编号，同时要考虑刷新方式对程序执行的影响。

表 2-6 定时器工作方式及类型

工作方式	用毫秒（ms）表示的分辨率	用秒（s）表示的最大当前值	定时器号
TONR	1	32.767	T0，T64
	10	327.67	T1～T4，T65～T68
	100	3 276.7	T5～T31，T69～T95
TON/TOF	1	32.767	T32，T96
	10	327.67	T33～T36，T97～T100
	100	3 276.7	T37～T63，T101～T255

3. 定时器指令格式

定时器指令格式及功能如表 2-7 所示。

表 2-7 定时器指令格式及功能

梯 形 图	语 句 表	功 能
IN TON PT	TON	通电延时型
IN TONR PT	TONR	保持型
IN TOF PT	TOF	断电延时型

IN 是使能输入端，编程范围 T0～T255；PT 是设定值输入端，最大设定值 32 767；PT 数据类型为 INT，PT 寻址范围见附录中的附表 4。

下面从原理、应用等方面分别叙述接通延时定时器、保持型接通延时定时器、断开延时定时器 3 种类型定时器的使用方法。

（1）接通延时定时器

当使能端输入有效（接通）时，定时器开始计时，当前值从 0 开始递增，大于或等于设定值时，定时器输出状态置位为 1（输出触点有效），当前值的最大值为 32 767。使能输入端无效（断开）时，定时器复位（当前值清零，输出状态置位为 0）。通电延时型定时器应用程序如图 2-11 所示。

（2）保持型接通延时定时器

使能端输入有效时，定时器开始计时，当前值递增，当前值大于或等于设定值时，输出状态位置为 1。使能端输入无效（断开）时，当前值保持（记忆），使能端再次接通有效时，在原记忆值的基础上递增计时。TONR 采用线圈的复位指令进行复位操作，当复位线圈有效时，定时器当前值清零，输出状态位置为 0。

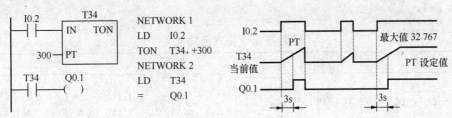

图2-11　通电延时型定时器应用程序

保持型接通延时定时器应用程序如图 2-12 所示。

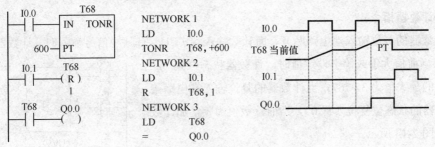

图2-12　保持型接通延时定时器应用程序

（3）断电延时定时器

使能端输入有效时，定时器输出状态位立即置 1，当前值复位为 0。使能端断开时，开始计时，当前值从 0 递增，当前值达到设定值时，定时器状态位复位置 0，并停止计时，当前值保持。

断电延时定时器应用程序如图 2-13 所示。

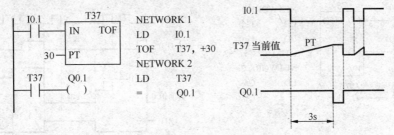

图2-13　断电延时定时器应用程序

2.2.2　计数器指令

S7-200 系列 PLC 有加计数器（CTU）、减计数器（CTD）、加/减计数器（CTUD）3 种计数器指令。计数器的使用方法和基本结构与定时器基本相同，主要由设定值寄存器、当前值寄存器、状态位等组成。

1. 指令格式

计数器的梯形图指令符号为指令盒形式，指令格式及功能如表 2-8 所示。

梯形图指令符号中 CU 为加 1 计数脉冲输入端；CD 为减 1 计数脉冲输入端；R 为复位脉冲输入端；LD 为减计数器的复位脉冲输入端；编程范围为 C0～C255；PV 设定值最大范围为 32 767；PV 数据类型为 INT。

表 2-8　　　　　　　　　　　　　计数器指令格式及功能

梯　形　图			语　句　表	功　能
CU CTU R PV	CD CTD LD PV	CU CTD CD R PV	CTU CTD CTUD	加计数器 减计数器 加/减计数器

2. 工作原理

（1）加计数器指令

当加计数器的复位输入端电路断开，而计数输入端（CU）有脉冲信号输入时，计数器的当前值加 1 计数。当前值大于或等于设定值时，计数器状态位置 1，当前值累加的最大值为 32 767。当计数器的复位输入端电路接通时，计数器的状态位复位（置 0），当前计数值为零，加计数器的应用如图 2-14 所示。

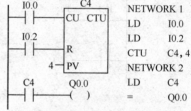

图2-14　加计数器的应用

（2）减计数器指令

在减计数器 CD 脉冲输入信号的上升沿（从 OFF 变为 ON），从设定值开始，计数器的当前值减 1，当前值等于 0 时，停止计数，计数器位被置 1，如图 2-15 所示。当减计数器的复位输入端有效时，计数器把设定值装入当前值存储器，计数器状态位复位（置 0）。

减计数器指令应用程序及时序图如图 2-15 所示。

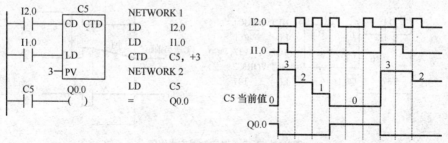

图2-15　减计数器指令应用程序及时序图

减计数器在计数脉冲 I2.0 的上升沿减 1 计数，当前值从设定值开始减至 0 时，计数器输出状态位置 1，Q0.0 通电（置 1），在复位脉冲 I1.0 的上升沿，定时器状态位复位（置 0），当前值等于设定值，为下次计数工作做好准备。

（3）加/减计数器指令

加/减计数器有两个脉冲输入端，其中 CU 用于加计数，CD 用于减计数，执行加/减计数时，CU/CD 的计数脉冲上升沿加 1/减 1 计数。当前值大于或等于计数器设定值时，计数器状态位置位。复位输入有效或执行复位指令时，计数器状态位复位，当前值清零。达到计数最大值（32 767）后，下一个 CU 输入上升沿将使计数值变为最小值（−32 768）。同样，达到最小值后，下一个 CD 输入上升沿将使计数值变为最大值。加/减计数器应用程序及时序图如图 2-16 所示。

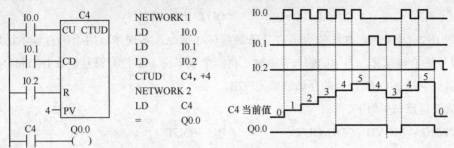

图2-16　加/减计数器应用程序及时序图

2.3　算术、逻辑运算指令

2.3.1　算术运算指令

1. 加/减运算

加/减运算指令是对符号数的加/减运算操作，包括整数加/减、双整数加/减和实数加/减运算。梯形图加/减运算指令采用功能块格式，功能块由指令类型、使能输入端（EN）、操作数（IN1、IN2）输入端、运算结果输出端（OUT）、使能输出端（ENO）等组成。

加/减运算 6 种指令的梯形图指令格式及功能如表 2-9 所示。

表 2-9　　　　　　　　　　加/减运算指令格式及功能

梯　形　图			功　　能
ADD-1 EN　ENO IN1　OUT IN2	ADD-D1 EN　ENO IN1　OUT IN2	ADD-R EN　ENO IN1　OUT IN2	IN1+IN2=OUT
SUB-1 EN　ENO IN1　OUT IN2	SUB-D1 EN　ENO IN1　OUT IN2	SUB-R EN　ENO IN1　OUT IN2	IN1−IN2=OUT

（1）指令类型和运算关系

① 整数加/减运算。当使能输入有效时，将两个单字长（16 位）符号整数 IN1 和 IN2 相加/减，将运算结果送到 OUT 指定的存储器单元输出。

语句表及运算结果如下。

整数加法：MOVW　　IN1,OUT　　　　// IN1→OUT

　　　　　+I　　　　IN2,OUT　　　　// OUT+IN2=OUT

整数减法：MOVW　　IN1,OUT　　　　// IN1→OUT

　　　　　−I　　　　IN2,OUT　　　　// OUT−IN2=OUT

从语句表可以看出，IN1、IN2 和 OUT 操作数的地址不相同时，STL 将 LAD 的加/减运算分别用两条指令描述。

IN1 或 IN2=OUT 时整数加法：

+I   IN2,OUT   // OUT+IN2=OUT

IN1 或 IN2=OUT 时，加法指令节省一条数据传送指令，本规律适用于所有算术运算指令。

② 双整数加/减运算。当使能输入有效时，将两个双字长（32 位）符号整数 IN1 和 IN2 相加、减，将运算结果送到 OUT 指定的存储器单元输出。

语句表及运算结果如下。

双整数加法：MOVD   IN1,OUT   // IN1→OUT
             +D   IN2,OUT   // OUT+IN2=OUT
双整数减法：MOVD   IN1 ,OUT   // IN1→OUT
             −D   IN2,OUT   // OUT−IN2=OUT

③ 实数加/减运算。当使能输入有效时，将两个双字长（32 位）的有符号实数 IN1 和 IN2 相加/减，然后将运算结果送到 OUT 指定的存储器单元输出。

语句表及运算结果如下。

实数加法：MOVR   IN1,OUT   // IN1→OUT
           +R   IN2,OUT   // OUT+IN2=OUT
实数减法：MOVR   IN1,OUT   // IN1→OUT
           −R   IN2,OUT   // OUT−IN2=OUT

④ 加/减运算 IN1、IN2、OUT 操作数的数据类型分别为 INT、DINT、REAL。寻址范围参见附表 4。

（2）对标志位的影响

算术运算指令影响特殊标志的算术状态位 SM1.0～SM1.3，并建立指令功能块使能输出 ENO。

① 特殊标志位 SM1.0（零），SM1.1（溢出），SM1.2（负）。

SM1.1 用来指示溢出错误和非法值。如果 SM1.1 置位，SM1.0 和 SM1.2 的状态无效，原始操作数不变。如果 SM1.1 不置位，SM1.0 和 SM1.2 的状态反映算术运算结果。

② ENO。当使能输入有效，运算结果无错时，ENO=1，否则 ENO=0（出错或无效）。使能输出断开的出错条件：SM1.1=1（溢出），0006（间接寻址错误），SM4.3（运行时间）。

加法运算应用举例如图 2-17 所示。

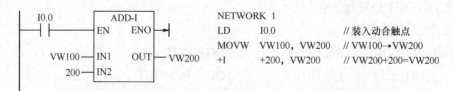

图2-17   加法运算应用举例

求 1 000 加 200 的和，1 000 在 VW100 中，结果存入 VW200。

2. 乘/除法运算

乘/除法运算是对符号数的乘法和除法运算，包括整数乘/除运算，双整数乘/除运算，整数乘/除双整数输出运算，实数乘/除运算等。

（1）乘/除运算指令格式

乘/除运算指令格式及功能如表 2-10 所示。

表 2-10　　　　　　　　　　　　　乘/除运算指令格式及功能

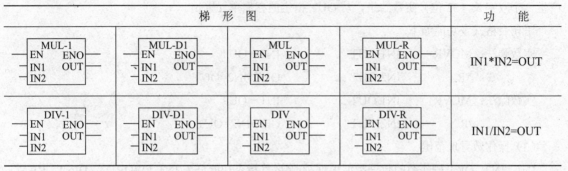

梯　形　图	功　能
（MUL-1, MUL-D1, MUL, MUL-R）	IN1*IN2=OUT
（DIV-1, DIV-D1, DIV, DIV-R）	IN1/IN2=OUT

乘/除运算指令采用同加/减运算相类似的功能块指令格式。指令分为 MUL I/DIV I（整数乘/除运算），MUL DI/DIV DI（双整数乘/除运算），MUL/DIV（整数乘/除双整数输出），MUL R/DIV R（实数乘/除运算）8 种类型。

（2）指令功能分析

① 整数乘/除指令。当使能输入端有效时，将两个单字长（16 位）符号整数 IN1 和 IN2 相乘/除，产生一个单字长（16 位）整数结果，从 OUT 指定的存储器单元输出。

语句表格式及功能如下。

整数乘法：MOVW　　　　　　IN1,OUT　　　　　// IN1→OUT

　　　　　*I　　　　　　　　IN2,OUT　　　　　// OUT*IN2=OUT

整数除法：MOVW　　　　　　IN1,OUT　　　　　// IN1→OUT

　　　　　/I　　　　　　　　IN2,OUT　　　　　// OUT/IN2=OUT

② 双整数乘/除指令。当使能输入有效时，将两个双字长（32 位）符号整数 IN1 和 IN2 相乘/除，产生一个双字长（32 位）整数结果，从 OUT 指定的存储单元输出。

语句表格式及功能如下。

双整数乘法：MOVD　　　　　IN1,OUT　　　　　// IN1→OUT

　　　　　*D　　　　　　　　IN2,OUT　　　　　// OUT*IN2=OUT

双整数除法：MOVD　　　　　IN1,OUT　　　　　// IN1→OUT

　　　　　/D　　　　　　　　IN2,OUT　　　　　// OUT/IN2=OUT

③ 整数乘/除双整数输出指令。当使能输入有效时，将两个单字长（16 位）符号整数 IN1 和 IN2 相乘/除，产生一个双字长（32 位）整数结果，从 OUT 指定的存储单元输出。整数除双整数输出产

生的 32 位结果中低 16 位是商，高 16 位是余数。

语句表格式及功能如下。

整数乘法产生双整数：MOVW	IN1,OUT	// IN1→OUT
	MUL	IN2,OUT	// OUT*IN2=OUT
整数除法产生双整数：MOVW	IN1,OUT	// IN1→OUT
	DIV	IN2,OUT	// OUT/IN2=OUT

④ 实数乘/除指令。当使能输入有效时，将两个双字长（32 位）符号整数 IN1 和 IN2 相乘/除，产生一个双字长（32 位）实数结果，从 OUT 指定的存储单元输出。

语句表格式及功能如下。

实数乘法：MOVR	IN1,OUT	// IN1→OUT
	*R	IN2,OUT	// OUT*IN2=OUT
实数除法：MOVR	IN1,OUT	// IN1→OUT
	/R	IN2,OUT	// OUT/IN2=OUT

（3）操作数寻址范围

IN1、IN2、OUT 操作数的数据类型根据乘/除运算指令功能分为 INT（WORD）、DINT、REAL。IN1、IN2、OUT 操作数寻址范围参见附表 4。

（4）乘/除运算对标志位的影响

① 乘/除运算指令执行的结果影响特殊标志的算术状态位：SM1.0（零），SM1.1（溢出），SM1.2（负），SM1.3（被 0 除）。

乘法运算过程中 SM1.1（溢出）被置位，就不写出了，并且所有其他的算术状态位置为 0（整数乘产生双整数指令输出不会产生溢出）。

除法运算过程中 SM1.3 置位（被 0 除），其他的算术状态位保留不变，原始输入操作数不变。SM1.3 不被置位，所有有关的算术状态位都是算术操作的有效状态。

② 使能输出 ENO=0 断开的出错条件是：SM1.1=1（溢出），0006（间接寻址错误），SM4.3（运行时间）。

乘/除指令的应用举例如图 2-18 所示。

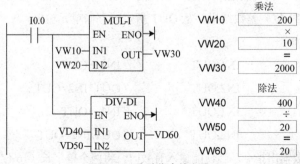

图2-18 乘/除指令的应用

2.3.2 加 1/减 1 指令

加 1/减 1 指令用于自加/自减的操作，以实现累加计数和循环控制等程序的编写，其梯形图为指令盒格式。操作数的长度为字节（无符号数）、字或双字（有符号数），IN 和 OUT 操作数寻址范围见附表 4。指令格式及功能如表 2-11 所示。

1. 字节加 1/减 1 指令

字节加 1/减 1（INC B/DEC B）指令，用于使能输入有效时，将一个字节的无符号数 IN 加 1/减 1，得到一个字节的运算结果，通过 OUT 指定的存储器单元输出。

2. 字加 1/减 1 指令

字加 1/减 1（INC W /DEC W）指令，用于使能输入有效时，将单字长符号输入数 IN 加 1/减 1，得到一个字的运算结果，通过 OUT 指定的存储器单元输出。

表 2-11　　　　　　　　　　加 1/减 1 指令格式及功能

梯　形　图			功　　能
INC_B EN ENC IN OUT DEC_B EN ENC IN OUT	INC_W EN ENC IN OUT DEC_W EN ENC IN OUT	INC_DW EN ENC IN OUT DEC_DW EN ENC IN OUT	字节、字、双字增 1 字节、字、双字减 1 OUT±1=OUT

3. 双字加 1/减 1 指令

双字加 1/减 1（INC DW/DEC DW）指令，用于使能输入有效时，将双字长符号输入数 IN 加 1/减 1，得到一个双字的运算结果，通过 OUT 指定的存储器单元输出。

加 1/减 1 指令的应用如图 2-19 所示。

当 I0.1 每接通一次，AC0 的内容自动加 1，VB100 的内容自动减 1。

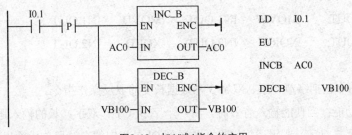

图2-19　加1/减1指令的应用

2.3.3 逻辑运算指令

逻辑运算是对无符号数进行的逻辑处理，主要包括逻辑与、逻辑或、逻辑异或和取反等运算指令。按操作数长度可分为字节、字和双字逻辑运算。其中字节操作运算指令格式及功能如表 2-12 所示。

表 2-12　　　　　　　　　逻辑运算指令格式（字节操作）及功能

梯　形　图				功　　能
WAND-B EN　ENO IN1　OUT IN2	WOR-B EN　ENO IN1　OUT IN2	WXOR-B EN　ENO IN1　OUT IN2	INV-B EN　ENO IN1　OUT IN2	与、或、异或、取反

1. 逻辑与指令

逻辑与（WAND）指令有字节、字、双字 3 种数据长度的与操作指令。

逻辑与指令操作功能：当使能输入有效时，把两个字节（字、双字）长的输入逻辑数按位相与，得到的一个字节（字、双字）逻辑运算结果，传送到 OUT 指定的存储器单元输出。

语句表指令格式分别为

MOVB　IN1,OUT;　　MOVW　IN1,OUT;　　MOVD　IN1,OUT

ANDB　IN2,OUT;　　ANDW　IN2,OUT;　　ANDD　IN2,OUT

2. 逻辑或指令

逻辑或（WOR）指令有字节、字、双字 3 种数据长度的或操作指令。

逻辑或指令操作功能：当使能输入有效时，把两个字节（字、双字）长的输入逻辑数按位相或，得到的一个字节（字、双字）逻辑运算结果，传送到 OUT 指定的存储器单元输出。

语句表指令格式分别为

MOVB　IN1,OUT;　　MOVW　IN1,OUT;　　MOVD　IN1,OUT

ORB　　IN2,OUT;　　ORW　　IN2,OUT;　　ORD　　IN2,OUT

3. 逻辑异或指令

逻辑异或（WXOR）指令有字节、字、双字 3 种数据长度的异或操作指令。

逻辑异或指令操作功能：当使能输入有效时，把两个字节（字、双字）长的输入逻辑数按位相异或，得到的一个字节（字、双字）逻辑运算结果，传送到 OUT 指定的存储器单元输出。

语句表指令格式分别为

MOVB　IN1,OUT;　　MOVW　IN1,OUT;　　MOVD　IN1,OUT

XORB　IN2,OUT;　　XORW　IN2,OUT;　　XORD　IN2,OUT

4. 取反指令

取反（INV）指令包括字节、字、双字 3 种数据长度的取反操作指令。

取反指令操作功能：当使能输入有效时，将一个字节（字、双字）长的输入逻辑数按位取反，得到的一个字节（字、双字）逻辑运算结果，传送到 OUT 指定的存储器单元输出。

语句表指令格式分别为

MOVB　IN,OUT;　　MOVW　IN,OUT;　　MOVD　IN,OUT

INVB　IN2,OUT;　　INVW　IN2,OUT;　　INVD　IN2,OUT

字节取反、字节与、字节或、字节异或指令的应用如图 2-20 所示。

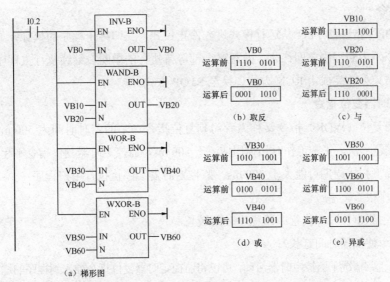

（a）梯形图

图2-20　字节取反、字节与、字节或、字节异或指令的应用

2.4　程序控制指令

程序控制指令主要包括系统控制指令、跳转、循环、子程序调用等指令。

2.4.1　系统控制指令

系统控制指令主要包括条件结束指令、停止指令、监控定时器复位指令，指令的格式及功能如表 2-13 所示。

表 2-13　　　　　　　　系统控制指令及功能

梯　形　图	语　句　表	功　　能
——(END)	END/MEND	条件/无条件结束指令
——(STOP)	STOP	暂停指令
——(WDR)	WDR	监控定时器复位指令

1. 结束指令

梯形图中结束指令直接连在左侧母线上时，为无条件结束（MEND）指令，不接在左侧母线上时，为条件结束（END）指令。

条件结束指令在使能输入有效时，终止用户程序的执行返回到主程序的第一条指令执行（循环扫描工作方式）。

无条件结束指令执行时（指令直接连在左侧母线上，无使能输入），立即终止用户程序的执行，返回主程序的第一条指令执行。

结束指令只能在主程序中使用。在 STEP 7-Micro/WIN32 编程软件中主程序的结尾自动生成无条件结束指令，用户不得输入无条件结束指令，否则编译出错。

2. 停止指令

停止（STOP）指令使 PLC 从运行模式进入停止模式，立即终止程序的执行。如果在中断程序中执行停止指令，中断程序立即终止，并忽略全部等待执行的中断，继续执行主程序的剩余部分，并在主程序的结束处，完成由 RUN 方式切换至 STOP 方式。

3. 监控定时器复位指令

监控定时器复位（WDR）指令又称为看门狗复位指令，它的定时时间为 500 ms，每次扫描它PLC 都被自动复位一次，正常工作时扫描周期小于 500 ms，监控定时器复位指令不起作用。

在以下情况下扫描周期可能大于 500 ms，监控定时器会停止执行用户程序。

① 用户程序很长。

② 当出现中断事件时，执行中断程序时间较长。

③ 循环指令使扫描时间延长。

为了防止在正常情况下监控定时器启动，可以将监控定时器复位指令插入到程序的适当位置，使监控定时器复位。若 FOR-NEXT 循环程序的执行时间过长，下列操作只有在扫描周期结束时才能执行：通信（自由端口模式除外）、I/O 更新（立即 I/O 除外）、强制更新、SM 位更新（不能更新 SM0 和 SM5～SM29）、运行时间诊断、在中断程序中的 STOP 指令。

带数字量输出的扩展模块也有一个监控定时器，每次使用 WDR 指令时，应对每个扩展模块的某一个输出字节使用立即写（BIW）指令来启动复位模块的监控定时器。

停止（STOP）、条件结束（END）、监控定时器复位（WDR）指令的应用如图 2-21 所示。

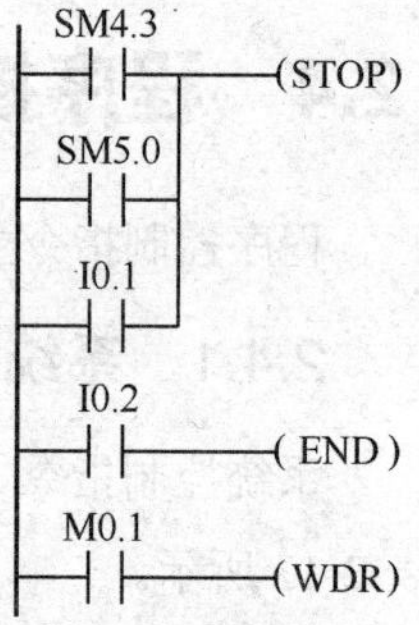

```
    SM4.3
  ──┤ ├──────────(STOP)
    SM5.0
  ──┤ ├──
    I0.1
  ──┤ ├──
    I0.2
  ──┤ ├──────────( END )
    M0.1
  ──┤ ├──────────(WDR)
```
图2-21　STOP、END、WDR指令的应用

2.4.2　跳转、循环指令

跳转、循环指令用于程序执行顺序的控制，指令的格式及功能如表 2-14 所示。

表 2-14　　　　　　　　跳转、循环指令格式及功能

梯 形 图	语 句 表	功 能
──(JMP)　n ─┤ LBL	JMP n LBL n	跳转指令 跳转标号
FOR EN　ENO INDX INIT FINAL　──(NEXT)	FOR IN1，IN2，IN3 NEXT	循环开始 循环结束

1. 程序跳转指令

程序跳转指令（JMP）和跳转地址标号指令（LBL）配合使用实现程序的跳转。在同一个程序内，当使能输入有效时，程序跳转到指定标号 n 处执行，跳转标号 $n=0～255$。当使能输入无效时，将顺序执行程序。

2. 循环控制指令

在程序系统中经常需要重复执行若干次同样的任务，这时可以使用循环指令。

FOR 指令表示循环开始，NEXT 指令表示循环结束。

当 FOR 指令的使能输入端条件满足时，反复执行 FOR 与 NEXT 之间的指令。在 FOR 指令中，需要设置指针 INDX（或称为当前循环次数计数器）、起始值 INIT 和结束值 FINAL，它们的数据类型为整型。

若设 INIT 为 1，FINAL 为 10，则每次执行 FOR 与 NEXT 之间指令后，当前循环次数计数器的值加 1，并将运算结果与结束值比较。如果 INDX 大于 FINAL，则循环终止，FOR 与 NEXT 之间的指令将被执行 10 次。若起始值小于结束值，则执行循环。FOR 指令必须与 NEXT 指令配套使用。允许循环嵌套，最多可以嵌套 8 层。

循环指令的应用如图 2-22 所示。

当图中 M0.1 接通时，执行 10 次循环。INDX 从 1 开始计数，每执行 1 次循环，INDX 当前值加 1，执行到 10 次时，INDX 当前值也计到 10，与结束值 FINAL 相同，循环结束。当 M0.1 断开时，不执行循环。每次使能输入有效时，指令自动将各参数复位。

3. 子程序的调用与子程序返回指令

将具有特定功能，并且多次使用的程序段作为子程序。当主程序调用子程序并执行时，子程序执行全部指令直至结束，然后返回到主程序的子程序调用处。子程序用于程序的分段和分块，使其成为较小的、易于管理的块，只有在需要时才调用，这样可以减少扫描的时间。

子程序的指令格式及功能如表 2-15 所示。

表 2-15　　　　　　　　　　子程序的指令格式及功能

梯　形　图	语　句　表	功　能
SBR_0 EN	CALL　　SBR_0	子程序调用
——(RET)	CRET RET	子程序条件返回 自动生成无条件返回

子程序有子程序调用和子程序返回指令，子程序返回又分为条件返回和无条件返回。子程序调用指令用在主程序或其他调用子程序的程序中，子程序的无条件返回指令在子程序的最后网络段，梯形图指令系统能够自动生成子程序的无条件返回指令，用户无需输入。

创建子程序时，在编程软件的程序窗口的下方有主程序、子程序和中断程序的标签，单击子程序标签即可进入 SBR_0 子程序显示区，也可以通过指令树的项目进入子程序显示区。添加一个子程序时，可以用编辑菜单的插入项增加一个子程序，子程序的编号 n 从开始自动向上增长。

子程序的调用有不带参数的调用，有带参数的调用。子程序不带参数的调用如图 2-22 所示。子程序调用指令编写在主程序中，子程序返回指令编写在子程序中。子程序标号 n 的范围是 0～63。

循环、跳转及子程序调用指令的应用如图 2-22 所示。

4. 带参数的子程序的调用

带参数调用的子程序必须事先在局部变量表中对参数进行定义。最多可以传递 16 个参数，参数的变量名最多 23 个字符。

局部变量表中的变量有 IN、OUT、IN/OUT 和 TEMP 4 种类型。

IN 类型：是传入子程序的输入参数。

OUT 类型：是子程序的执行结果，它被返回给调用它的程序。被传递的参数类型（局部变量表中的数据类型）有 BOOL、BYTE、WORD、INT、DWORD、DINT、REAL、STRING 8 种，常数和地址值不允许作为输出参数。

TEMP 类型：局部变量存储器只能用作子程序内部的暂时存储器，不能用来传递参数。

IN/OUT 类型：将参数的初始值传给子程序，并将子程序的执行结果返回给同一地址。

局部变量表隐藏在程序显示区内。在编辑软件中，将水平分裂条拉至程序编辑器视窗的顶部，则不再显示局部变量表，但是它仍然存在。将分裂条下拉，再次显示局部变量表。

给子程序传递参数时，它们放在子程序的局部变量存储器中，局部变量表左列是每个被传递参数的局部变量存储器地址。

子程序调用时，输入参数被拷贝到局部变量存储器。子程序完成时，从局部变量存储器拷贝输出参数到指定的输出参数地址。带参数的子程序调用编程如图 2-23 所示。

若将输入参数 VW2、VW10 到子程序中，则在子程序 0 的局部变量表中定义 IN1 和 IN2，其数据类型应选为 WORD。在带参数调用子程序指令中，需将要传递到子程序中的数据 VW2、VW10 与 IN1 与 IN2 进行连接。这样，数据 VW2、VW10 在主程序调用子程序 0 时就被传递到子程序的局部变量存储单元 LW0、LW2 中，子程序中的指令便可通过 LW0、LW2 使用参数 VW2、VW10。

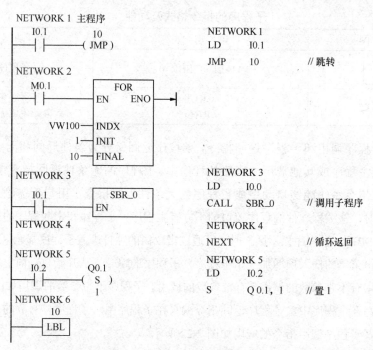

图2-22　循环、跳转及子程序的应用

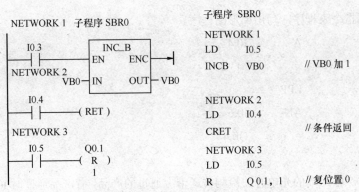

图2-22 循环、跳转及子程序的应用（续）

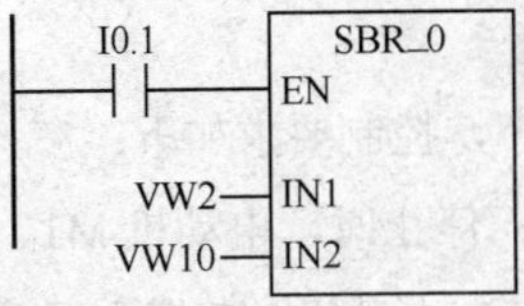

子程序 SBR0

NETWORK 1
LD   I0.5
INCB   VB0   // VB0 加 1

NETWORK 2
LD   I0.4
CRET   // 条件返回

NETWORK 3
LD   I0.5
R   Q 0.1, 1   // 复位置 0

LD I0.1
CALL SBR_0: SBR0, VW2, VW10

（a）主程序

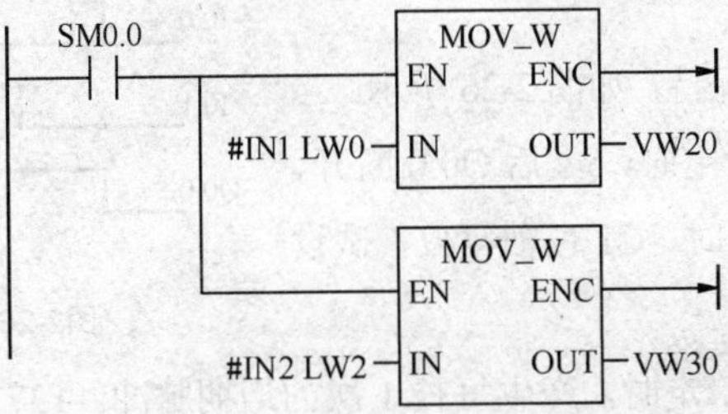

LD   SM0.0
MOVW   #IN1: LW0, VW20
MOVW   #IN2: LW2, VW30

（b）子程序

图2-23 带参数的子程序调用编程

2-1　写出图 2-24 所示梯形图的语句表程序。

2-2　写出图 2-25 所示梯形图的语句表程序。

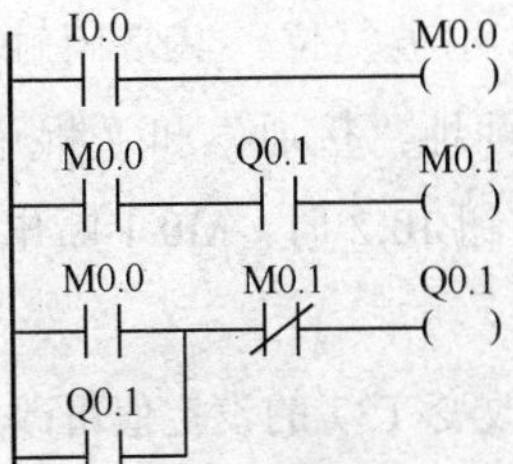

图2-24 题2-1图

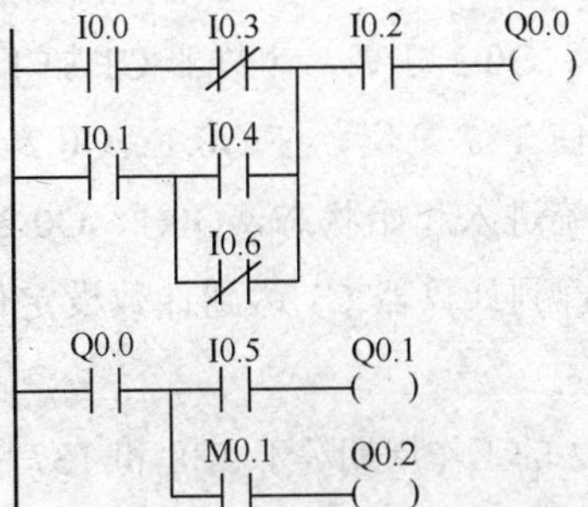

图2-25 题2-2图

2-3　根据下列指令表程序，写出梯形图程序。

LD	I0.1	A	I0.4
A	I0.2	=	M3.2
LPS		LPP	
AN	I0.3	AN	I0.6
=	Q0.3	=	Q0.4
LRD			

2-4　用接在 I0.2 输入端的光电开关检测传送带上通过的产品，有产品通过时 I0.2 接通，如果在 15 s 内没有产品通过，由 Q0.1 发出报警信号，用 I0.3 输入端外接的开关解除报警信号。画出梯形图，并写出对应的指令表程序。

2-5　使用置位、复位指令，编写两台电动机的控制程序，控制要求如下：

（1）启动时，电动机 M1 先启动，M2 电动机方可启动；停止时，电动机 M1、M2 同时停止。

（2）启动时，电动机 M1、M2 同时启动；停止时，只有在电动机 M2 停止后，电动机 M1 才能停止。

2-6　在按钮 I0.0 按下后 Q0.0 接通并自保持，如图 2-26 所示。当 I0.1 输入 3 个脉冲后（用 C1 计数），T37 开始定时，5 s 后 Q0.0 断开，同时 C1 复位，在 PLC 刚开始执行用户程序时，C1 也被复位，试设计梯形图程序。

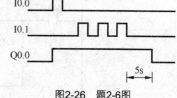

图2-26　题2-6图

2-7　当 I0.0 为 ON 时，定时器 T37 开始定时，产生每秒 1 次的周期脉冲。T37 每次定时时间到时调用一个子程序，该子程序将输入 IW0 的值送 VW20，试设计主程序和子程序。

实训课题 2　闪烁计数控制

1. 控制要求

按下启动按钮 I0.1，Q0.1、Q0.2 以灭 2s、亮 3s 的工作周期通电 10 次后自动停止，无论系统工作状态如何，只要按下停止按钮 I0.2，Q0.1、Q0.2 将立即停止工作。其 PLC I/O 口接线图及对应的梯形图如图 2-27 所示。

按下启动按钮 I0.1，M0.1 通电并自锁，T37 开始定时。T37 延时 2s 时间到，其常开触点接通，使 Q0.1、Q0.2 灯亮，计数器 C1 加 1，同时，T38 开始定时，T38 定时 3s 时间到，其常闭触点断开，使 T37 复位，使 Q0.1、Q0.2 灯灭，同时 T38 也被复位，其常闭触点再次使 T37 定时开始，系统进入起始状态，Q0.1、Q0.2 灯就这样周期性地"接通"和"断开"，使两只灯不停地闪烁。直到计算器 C1 达到计数设定值或按下停止按钮 I0.2 时，M0.1 断电，Q0.1、Q0.2 停止工作。

Q0.1、Q0.2 的工作周期等于 T38 和 T37 的设定值之和，改变 T37 的设定值可改变 Q0.1、Q0.2 的断开时间，改变 T38 的设定值可改变 Q0.1、Q0.2 的通电时间。

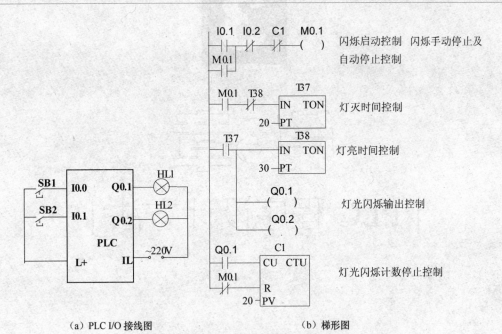

（a）PLC I/O 接线图　　　　　　　　（b）梯形图

图2-27　闪烁计数控制电路接线图及梯形图

2. 上机操作步骤及要求

① PLC I/O 口接线如图 2-27（a）所示。

② 将梯形图录入并下载到 PLC，使 PLC 进入运行状态。

③ 程序调试。在运行状态下，用接在 PLC 输入端的各开关（如图 2-27 中的 I0.0、I0.1）的通/断状态来观察 PLC 输出端（如图 2-27 中的 Q0.0、Q0.1）对应的 LED 状态变化是否符合控制要求。

Chapter 3

第3章

| PLC 程序设计方法 |

PLC 的程序设计，就是根据设备的控制要求自行编写出 PLC 控制程序，并通过最简单的硬件配置，在计算机监控 PLC 模拟实验系统软件的支持下，模拟生产设备的工作过程，从而达到使用 PLC 控制生产设备的目的。

本章主要介绍 PLC 的 3 种程序设计方法，即梯形图的经验设计法、改型设计法及顺序设计法，这 3 种设计方法是 PLC 在生产实际中最常用也是最主要的程序设计方法。

| 3.1 梯形图的经验设计法 |

经验设计法实际上是沿用了传统继电器—接触器系统电气原理图的设计方法，即在一些典型单元电路的基础上，根据被控对象对控制系统的具体要求，不断地修改和完善梯形图。有时需要多次反复调试和修改梯形图，增加很多辅助触点和中间编程元件，最后才能得到一个较为满意的结果。这种设计方法没有规律可遵循，具有很大的试探性和随意性，最后的结果因人而异，不是唯一的。设计所用的时间、设计质量与设计者的经验有很大关系，因此称之为经验设计法。一般可用于较简单的梯形图程序设计。下面先介绍经验设计法中一些常用的基本电路。

3.1.1 启动、保持、停止控制电路

启动、保持、停止控制电路简称为启保停电路，如图 3-1（a）所示。因为该电路是具有记忆功能的电路，所以在梯形图中应用范围很广。

按下启动按钮 I0.0，其常开触点闭合，使 Q0.0 线圈通电，Q0.0 的常开触点闭合自锁，这时即使 I0.0 断开，Q0.0 线圈仍为通电状态。按下停止按钮 I0.1，其常闭触点断开，使 Q0.0 线圈断电，其自锁触点断开，以后即使放开停止按钮，I0.1 常闭触点恢复闭合状态，则 Q0.0 线圈仍为断电状态。这种记忆功能的电路也可用置位指令 S 和复位指令 R 来实现，其梯形图如图 3-1（b）所示，二者的

波形图是相同的。

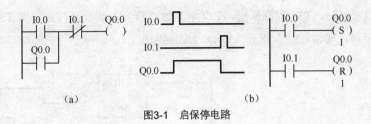

图3-1　启保停电路

3.1.2　电动机正、反转控制电路

图 3-2（a）所示为 PLC 的外部硬件接线图。图中 SB1 为正转启动按钮，SB2 为反转启动按钮，SB3 为停止按钮，KM1 为正转接触器，KM2 为反转接触器。实现电动机正反转功能的梯形图如图 3-2（b）所示。该梯形图是由两个启动、保持、停止的梯形图，再加上二者之间的互锁触点构成。

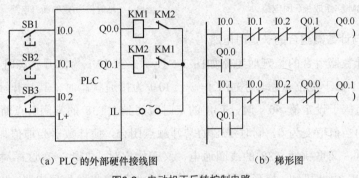

（a）PLC 的外部硬件接线图　　　　（b）梯形图

图3-2　电动机正反转控制电路

应该注意的是图 3-2 虽然在梯形图中已经有了内部软继电器的互锁触点（Q0.0 与 Q0.1），但在外部硬件输出电路中还必须使用 KM1、KM2 的常闭触点进行互锁。这是因为 PLC 内部软继电器互锁只相差一个扫描周期，而外部硬件接触器触点的断开时间往往大于扫描周期，来不及响应。例如 Q0.0 虽然断开，可能 KM1 的触点还未断开，在没有外部硬件互锁的情况下，KM2 的触点可能接通，引起主电路短路，因此必须采用软硬件的双重互锁。

采用了双重互锁，也避免因接触器 KM1 或 KM2 的主触点熔焊引起电动机主电路短路。

3.1.3　定时器和计数器的应用电路

S7-200 系列 PLC 的定时器最长的定时时间为 3276.7 s，如果需要更长的定时时间，可以使用定时器和计数器组合的长延时电路。

1. 用计数器设计长延时电路

如果需要更长的延时时间，可用计数器和特殊位存储器组成长延时电路，如图 3-3 所示。

图中 SM0.4 的常开触点为加计数器 C0 提供周期为 1 min 的时钟脉冲。当计数器复位输入 I0.0 断开，C0 开始计数延时。图中延时时间为 30 000 min。

2. 用定时器设计延时接通/延时断开电路

控制要求如图 3-4 所示。用 I0.1 控制 Q0.1，当 I0.1 的常开触点闭合时，定时器 T37 开始延时，

10 s 后 T37 的常开触点闭合，使延时定时器 T38 的线圈通电，T38 的常开触点闭合，使 Q0.1 的线圈通电。当 I0.1 触点断开时，T37 线圈断电，T37 常开触点断开，断开延时定时器 T38 开始延时，8 s 后 T38 的延时时间到，其常开触点断开，使 Q0.1 线圈断电。

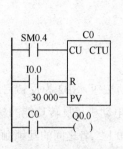

图3-3　计数器和SM0.4组成长延时电路

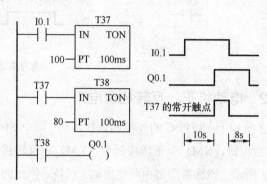

图3-4　延时接通/延时断开电路

3. 用定时器与计数器组合的长延时电路

用定时器与计数器组合的长延时电路如图 3-5 所示。当 I0.1 为断开状态时，100 ms 定时器 T38 和加计数器 C1 处于复位状态，不能工作。当 I0.1 为接通状态时，其常开触点接通，T38 开始定时，当当前值等于设定值 60 s 时，T38 的定时时间到，T38 的常闭触点断开，使它自己复位，复位后 T38 的当前值变为 0，同时 T38 的常开触点闭合，使计数器当前值加 1。当 T38 的常闭触点再次闭合时，又重新使 T38 的线圈通电，又开始定时。T38 一直这样周而复始的工作，直到 I0.1 变为 OFF。由此可知，梯形图的网络 1 是一个脉冲信号发生器电路，脉冲周期等于 T38 的设定值（60 s）。这种定时器自复的电路只能用于 100 ms 的定时器，如果需要用 1 ms 或 10 ms 的定时器来产生周期性的脉冲，应使用下面的程序：

```
LDN     M0.1        // T33 和 M0.1 组成脉冲发生器
TON     T33,600     // T33 的设定值为 600 ms
LD      T33
=       M0.1
```

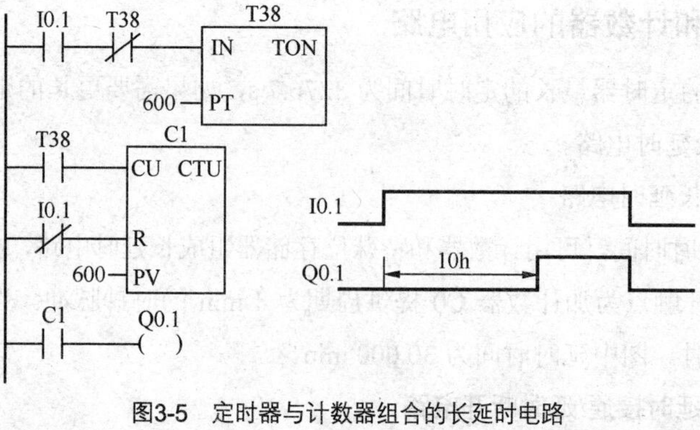

图3-5　定时器与计数器组合的长延时电路

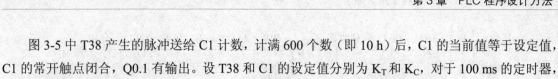

图 3-5 中 T38 产生的脉冲送给 C1 计数，计满 600 个数（即 10 h）后，C1 的当前值等于设定值，C1 的常开触点闭合，Q0.1 有输出。设 T38 和 C1 的设定值分别为 K_T 和 K_C，对于 100 ms 的定时器，总的定时时间（T）为

$$T = 0.1K_T K_C$$

3.1.4 经验设计法举例

1. 运料小车自动控制系统的梯形图设计

图 3-6（a）所示为运料小车系统示意图。图中 SQ1、SQ2 为运料小车左右终点的行程开关。运料小车在 SQ1 处装料，20 s 后装料结束，开始右行。当碰到 SQ2 后停下来卸料，15 s 后左行，碰到 SQ1 后又停下来装料。这样不停地循环工作，直到按下停止按钮 SB3。按钮 SB1 和 SB2 分别是小车右行和左行的启动按钮。小车控制系统的输入、输出设备与 PLC 的 I/O 端对应连接关系如图 3-6（b）所示。

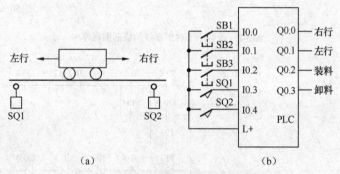

（a）　　　　　　　　　　　（b）

图3-6　运料小车系统示意图及PLC连接图

采用经验设计法对小车控制系统梯形图程序的设计过程是：由于小车右行和左行互为联锁关系，不能同时进行，与电动机正反转控制梯形图一样，因此利用正反转梯形图先画出控制小车左、右行的梯形图。另外用两个位置开关 SQ1（I0.3）、SQ2（I0.4）的常开触点分别接通装料、卸料输出（Q0.2、Q0.3）及装料、卸料时间的定时器（T37、T38），如图 3-7（a）所示。在此基础上为了使小车到达装料、卸料位置能自动停止左行、右行，将 I0.3 和 I0.4 的常闭触点分别串入 Q0.1（左行）和 Q0.0（右行）的线圈电路中；为了使小车在装料、卸料结束后能自行启动右行、左行，将控制装、卸料时间的定时器 T37 和 T38 的常开触点分别与手动启动右行和左行的 I0.0 和 I0.1 的常开触点并联，最后可得出如图 3-7（b）所示的梯形图。

2. 小车两处卸料的自动控制梯形图的设计

在图 3-8 中，小车仍然在 I0.3 处装料，并在 I0.5 和 I0.4 处轮流卸料。

小车在一次循环中的两次右行都要碰到 I0.5，第 1 次碰到它时停下卸料，第 2 次碰到它时继续前进，因此应设置一个具有记忆功能的编程元件，区分是第 1 次还是第 2 次碰到 I0.5。

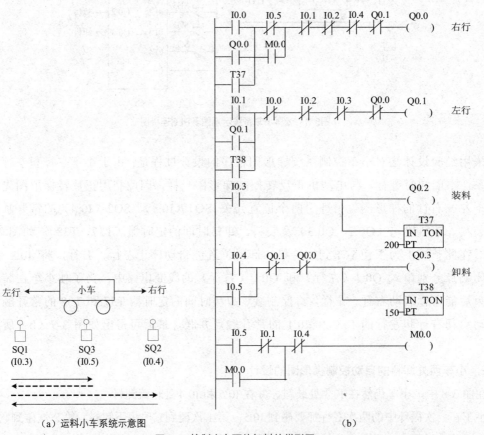

（a）

图3-7　运料小车控制系统的梯形图程序

（a）运料小车系统示意图

（b）

图3-8　控制小车两处卸料的梯形图

图 3-8 所示的梯形图是在图 3-7 的基础上根据新的控制要求修改而成的。小车在第 1 次碰到 I0.5 和 I0.4 时都应停止右行，所以将它们的常闭触点串接在 Q0.0 的线圈电路中。其中 I0.5 的触点并联了中间环节 M0.0 的触点，使 I0.5 停止右行的作用受到 M0.0 的约束，M0.0 的作用是记忆 I0.5 是第几次被碰到，它只在小车第 1 次右行经过 I0.5 时起作用。为了利用 PLC 已有的输入信号，用启保停电路来控制 M0.0，它的启动和停止条件分别是 I0.5 和 I0.4 为接通状态，即 M0.0 在图 3-8（a）中虚线所示的行程内接通，在这段时间内它的常开触点将 Q0.0 控制电路中的 I0.5 的常闭触点短接，因此小车第 2 次经过 I0.5 时不会停止右行。

为实现两处卸料，将 I0.4 和 I0.5 的触点并联后驱动 Q0.3 和 T38。

调试时发现小车从 I0.4 开始左行，经过 I0.5 时 M0.0 也被接通，使小车下一次右行到达 I0.5 时无法停止运行，因此在 M0.0 的启动电路中串入 Q0.1 的常闭触点。另外还发现小车往返经过 I0.5 时，虽然不会停止运动，但是出现了短暂的卸料动作，将 Q0.1 和 Q0.0 的常闭触点串入 Q0.3 的线圈电路，从而解决了这个问题。

从以上两个设计过程可知，用经验设计法设计比较麻烦，设计周期长且设计出的梯形图可读性差。所以这种方法只能用来设计一些简单的程序或复杂系统的某一局部程序（如手动程序等）。

3. 常闭触点输入信号的处理

前面在介绍梯形图的设计方法时，都是假设输入的数字量信号均由外部常开触点提供，如停止按钮本应是接常闭触点，而实际上在 PLC 的输入端子上是接的常开触点（如图 3-6 中的停止按钮 SB3 所示）。若接成常闭触点，此时 I0.2 为 ON，梯形图中 I0.2 的常闭触点断开，当按下右行或左行启动按钮 I0.0 或 I0.1 时，右行或左行 Q0.0 或 Q0.1 都不会通电工作。只有在输入端 SB3 接常开触点，I0.2 为 OFF，其梯形图中的 I0.2 触点才是闭合状态，当按下右行或左行启动按钮 I0.0 或 I0.1 时，右行或左行 Q0.0 或 Q0.1 才会通电工作。

为了使梯形图与继电器电路图中触点的类型相同，建议尽可能地用常开触点作为 PLC 的输入信号。如果某些信号只能用常闭触点输入（如热继电器），可以将输入全部设为常开触点来设计梯形图，这样可以将继电器电路图直接"翻译"成梯形图。然后将梯形图中外接常闭触点的输入位的触点改为相反的触点，即常开触点改为常闭触点，常闭触点改为常开触点。

3.2　根据继电器电路图设计梯形图的方法

根据继电器电路图设计梯形图的方法也称为改型设计法（或移植法）。由于 PLC 使用的梯形图语言与继电器电路图极为相似，若根据继电器电路图来设计梯形图是一条捷径。这是因为原有的继电器电路图控制系统经过长期的使用和考验，已经被证明完全能实现系统的控制功能。因此将继电器电路图"翻译"成梯形图，即用 PLC 的外部硬件接线图和梯形图程序来实现继电器系统功能。

这种设计方法一般不需要改动控制面板，保持了系统原有的外部特性，操作人员不用改变长期形成的操作习惯。

3.2.1 改型设计的基本方法

1. 改型设计方法步骤

将继电器电路图转换为功能相同的 PLC 梯形图和外部接线图的方法步骤如下所述：

① 了解被控设备的机械动作和工艺过程，分析并掌握继电器电路图和控制系统的工作原理，只有这样才能做到在设计和调试控制系统过程中心中有数。

② 确定 PLC 的输入信号和输出负载，确定对应梯形图中的输入和输出位的地址，从而画出 PLC 的 I/O 外部接线图。

③ 确定继电器电路图中有多少中间继电器、时间继电器，从而确定对应梯形图中的位存储器和定时器的地址。这样就建立了继电器电路图中的元件和梯形图中编程元件之间的地址对应关系。

④ 根据上述的对应关系绘制出梯形图。

2. 改型设计举例

图 3-9 所示为某三速异步电动机启动与自动加速的继电器控制电路图，继电器电路图中的交流接触器和电磁阀等执行机构若用 PLC 的输出位来控制，则其线圈应接在 PLC 的输出端。按钮、控制开关、限位开关等用来给 PLC 提供输入信号和反馈信号，其触点应接在 PLC 的输入端，一般使用常开触点。继电器电路图中的中间继电器和时间继电器（如图中的 KA、KT1 和 KT2），用 PLC 内部的位存储器和定时器来代替。

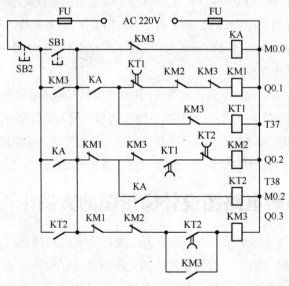

图3-9　三速异步电动机启动与自动加速的继电器控制电路图

电路图中左边的时间继电器 KT2 的触点为瞬动触点，该触点在 KT2 的线圈通电的瞬间闭合，而 PLC 内部的定时器不能完成此功能，所以在梯形图中，采用在 KT2 对应的 T38 功能块的两端并联有 M0.2 的线圈，用 M0.2 的常开触点来模拟 KT2 的瞬动触点。这样就完全符合继电器电路图中的控制功能。图 3-10（a）为 PLC 外部 I/O 接线图，图 3-10（b）为梯形图。

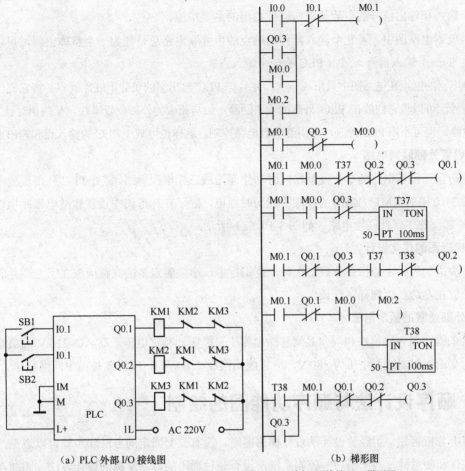

（a）PLC 外部 I/O 接线图　　　　　　　　　　（b）梯形图

图3-10　三速异步电动机启动与自动加速的PLC外部I/O接线图、梯形图

3.2.2　设计注意事项

根据继电器电路图设计 PLC 的外部接线图和梯形图时应注意以下问题。

1. 应遵守梯形图语言中的语法规定

在继电器电路图中，触点可以放在线圈的左边或右边，但在梯形图中，线圈必须放在右边，在线圈的右边不允许出现触点。

对于图 3-9 中控制 KM1 和 KT1 线圈这样的电路，即两条包含触点和线圈的串联电路组成的并联电路，若用语句表编程，需使用逻辑入栈、逻辑读栈和逻辑出栈指令。若将各线圈的控制电路分开来设计，如图 3-10（b）所示，可以避免使用栈指令。

2. 设计中间单元

在梯形图中，若多个线圈均受某一触点串并联电路的控制，为了简化电路，在梯形图中可以设置用该电路控制的位存储器（如图中的 M0.1），它类似于继电器电路中的中间继电器。

3. 尽量减少 PLC 的输入和输出信号

PLC 的价格与 I/O 点数的多少有关，每一个输入和输出信号分别要占用一个输入和一个输出点，因此减少输入和输出信号的点数是降低硬件费用的主要措施。

在继电器电路图中，若几个输入器件的触点的串并联电路总是作为一个整体出现，可以将它们作为 PLC 的一个输入信号，只占 PLC 的一个输入点。

热继电器的触点在电路图中只出现一次，并且与 PLC 输出端的负载串联，就不必将它们作为 PLC 的输入信号，可以将它们放在 PLC 外部的输出回路，仍与相应的外部负载串联。某些相对独立且比较简单的电路，也可不用 PLC 控制，采用继电器电路控制，这样也可减少 PLC 的输入点和输出点。

4. 设置外部联锁电路

为了防止正反转电路的 2 个接触器同时动作而造成三相电源短路，需在 PLC 外部设置硬件联锁电路。图 3-10 中的 KM1～KM3 的线圈不能同时通电，除了在梯形图中设置软继电器联锁以外，还在 PLC 外部设置了硬件联锁电路，如图 3-10（a）所示。

5. 梯形图的优化设计

为减少语句表指令的指令条数，在每一逻辑行中，串联触点多的支路应放在上方，并联触点多的支路应放在左边，否则程序变长。

6. 外部负载的额定电压

PLC 的继电器输出模块和双向晶闸管输出模块只能驱动额定电压最高 AC 220 V 的负载，若系统原来的交流接触器线圈电压为 380 V，应将线圈换成 220 V 的，或设置外部中间继电器。

3.3 顺序设计法与顺序功能图的绘制

由以上分析可知，用经验设计法设计梯形图时，没有一套固定的方法和步骤可以遵循，具有很大的试探性和随意性，对于不同的控制系统，没有一种通用的容易掌握的设计方法，因此在复杂的控制系统中一般采用顺序设计法设计。

3.3.1 顺序设计法

所谓顺序设计法，就是按照生产工艺预先规定的顺序，在各个输入信号的作用下，根据内部状态和时间的顺序，在生产过程中各个执行机构自动地有秩序地进行操作。使用顺序设计法时，首先根据系统的工艺过程，绘制出顺序功能图，再根据顺序功能图画出梯形图。

顺序功能图是描述控制系统的控制过程、功能和特性的一种图形，也是设计 PLC 的顺序控制程序的有力工具。顺序功能图并不涉及所描述的控制功能的具体技术，是一种通用的技术语言，可以供不同专业人员之间进行讨论和技术交流之用。

在 IEC 的 PLC 编程语言标准中，顺序功能图被定为 PLC 首选的编程语言。我国也在 1986 年颁布了顺序功能图的国家标准。

3.3.2 顺序功能图的组成

顺序功能图是一种用于描述顺序控制系统控制过程的一种图形。它具有简单、直观等特点，是设计 PLC 顺序控制程序的一种有力工具。它主要由步、转换、转换条件、有向连线和动作组成。

1. 步

顺序设计法最基本的思想是将系统的一个工作周期划分为若干个顺序相连的阶段，这些阶段称为步（Step），并用编程元件（例如位存储器和顺序控制继电器）来代表各步。步是根据输出量的状态变化来划分的。在任何一步之内，各输出量 ON/OFF 状态不变，但是相邻两步输出量的状态是不同的。步的这种划分方法使代表各步的编程元件的状态与各输出量的状态之间有着极为简单的逻辑关系。顺序设计法用转换条件控制代表各步的编程元件，让它们的状态按一定的顺序变化，然后用代表各步的编程元件去控制 PLC 的各输出位。

步是控制过程中的一个特定状态，用矩形方框表示。方框中可以用数字表示该步的编号，也可以用代表该步的编程元件（如 M0.0、M0.1 等）的地址作为步的编号。

2. 初始步

初始步表示一个控制系统的初始状态，没有具体要完成的动作。每一个顺序功能图至少应该有一个初始步，初始步用双矩形方框表示。

3. 转换与转换条件

转换用与有向连线垂直的短画线来表示，转换将相邻两步分隔开。步的活动状态的进展是由转换的实现来完成的，并与过程的进展相对应。

使系统由当前步进入下一步的信号称为转换条件（即转换旁边的符号表示转换的条件），转换条件可以是外部的输入信号，如按钮、主令开关、限位开关的接通/断开等；也可以是 PLC 内部产生的信号，如定时器、计数器常开触点的接通等；还可能是若干个信号的与、或、非逻辑组合。

4. 有向连线

步与步之间用有向连线连接，在有向连线上用一个或多个小短线表示一个或多个转换。当条件得到满足时，转换得以实现，即上一步的动作结束而下一步的动作开始，因此不会出现步的动作重叠。当系统正处于某一步时，把该步称为活动步。为了确保控制严格地按照顺序执行，步与步之间必须要有转换条件分隔。顺序功能图的表示方法如图 3-11 所示。

5. 动作

动作用矩形框中的文字或符号表示，该矩形框应与相应步的符号相连。若某一步有几个动作时，其表示方法如图 3-12 所示，这两种表示方法并不隐含这些动作之间的任何顺序。设计梯形图时，应注意各存储器是存储型的还是非存储型的。存储型的存储器，当该步为活动步时，它执行右边方框的动作，为不活动步时，它仍然执行右边方框的动作；而非存储型的存储器，当该步为活动步时，它执行右边方框的动作，不活动步时，它不执行右边方框的动作。

6. 活动步

当系统正处于某一步所在的阶段时，该步处于活动状态，称该步为活动步。步处于活动状态时，相应的动作被执行；处于不活动步时，相应的非存储型的动作被停止执行。

顺序功能图的设计举例：图 3-13 所示为某组合机床动力头进给运动示意图、顺序功能图。设动力头在初始状态时停在左边，限位开关 I0.1 为 ON。当按下启动按钮 I0.0 后，Q0.0 和 Q0.1 为 1 状态，动力头向右快速进给（简称快进），当碰到退位开关 I0.2 时变为工作进给（简称工进），Q0.0 为 1 状态，碰到限位开关 I0.3 后，暂停 10 s。10 s 后 Q0.2 和 Q0.3 为 1 状态。工作台快速退回（简称快退），返回到初始位置后停止运动。

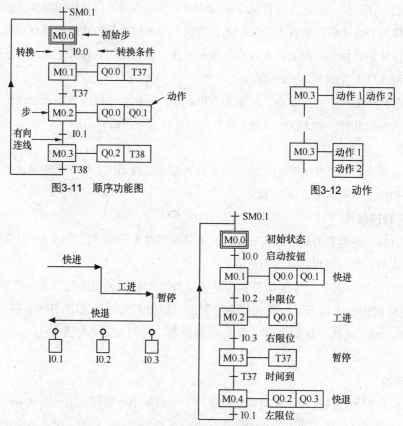

图3-11　顺序功能图

图3-12　动作

图3-13　组合机床动力头进给运动示意图、顺序功能图

3.3.3　顺序功能图的基本结构

根据步与步之间进展的不同情况，功能图有以下 3 种结构。

1. 单序列

单序列是由一系列相继激活的步组成，每一步的后面仅有一个转换，每一个转换的后面只有一个步，如图 3-14（a）所示。

2. 选择序列

一个活动步之后，紧接着有几个后续步可供选择的结构形式称为选择序列。选择序列的各个分支都有各自的转换条件，转换条件只能标在水平线之内，选择序列的开始称为分支，选择序列的结束称为分支的合并，如图 3-14（b）所示。当步 1 为活动步时，后面出现了 3 条支路供其选择，若转换条件 I0.1 先满足（为 1），则由步 1→2→3→8 的路线进展。若转换条件 I0.4 先满足，则由步 1→4→5→8 的路线进展。若转换条件 I0.7 先满足，则由步 1→6→7→8 的路线进展。一般只允许同时选择一个序列。

3. 并行序列

当转换的实现导致几个分支同时激活时，采用并行序列。并行序列的开始称为分支，如图 3-14（c）所示。当步 2 为活动步时，并且转换条件 I0.1 满足，同时将步 3、步 5 和步 7 变为活动步，同时步 2 变为不活动步。为了表示转换的同步实现，水平连线用双水平线表示。步 3、步 5 和步 7 被同时激活后，每个序列中活动步的进展是独立的。转换条件只能标在双水平线之外，且只允许有一个转换条件。

并行序列的结束称为合并。如图 3-14（c）所示，当直接连在双水平线上的所有前级步（步 4、步 6 与步 7）均处于活动步时，并且转换条件（I0.4 为 ON）满足才会使步 8 为活动步。若步 4、步 6 与步 7 均为不活动步或只有一个（如步 4）为活动步时，则步 8 也不能为活动步。

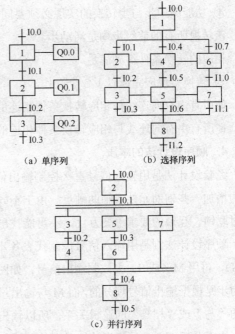

图3-14　单序列、选择序列与并行序列

3.3.4　顺序功能图中转换实现的基本原则

1. 转换实现的条件

在顺序功能图中，步的活动状态的进展是由转换的实现来完成的，转换的实现必须同时满足 2 个条件。

① 该转换所有的前级步均是活动步。

② 相应的转换条件得到满足。

这 2 个条件是缺一不可的。

2. 转换实现应完成的操作

转换实现应完成 2 个操作。

① 使所有由有向连线与相应转换条件相连的后续步都变为活动步。

② 使所有由有向连线与相应转换条件相连的前级步都变为不活动步。

转换实现的基本原则是根据顺序功能图设计梯形图的基础，它适用于顺序功能图中的各种基本结构和第 4 章中将要介绍的各种顺序控制梯形图的编程方法。

3. 绘制顺序功能图时的注意事项

① 2 个工步之间绝对不能直接相连，必须用转换将它们隔开。

② 转换与转换之间也不能直接相连，必须用步将它们隔开。这两条可以作为检查顺序功能图是否正确的依据。

③ 顺序功能图中的初始步一般对应于系统的初始状态，这一步没有输出，所以初学者绘制功能图时很容易遗漏这一步。初始步是必不可少的，如果没有该步，无法表示初始状态，系统也无法返回等待启动的停止状态。

④ 功能图中步与步转换的实现必须要同时满足以下 2 个条件。

该转换所有的前级步均是活动步。

相应的转换条件得到满足。

⑤ 转换实现应完成以下 2 个操作。

使所有由有向连线与相应转换条件相连的后续步都变为活动步。

使所有由有向连线与相应转换条件相连的前级步都变为不活动步。

4. 顺序设计法的本质

经验设计法是用输入信号直接控制输出信号，如图 3-15（a）所示，若无法直接控制，只好被动的增加一些辅助元件或辅助触点。由于不同系统的输出量与输入量之间的关系各不相同，以及它们对联锁、互锁的要求千变万化，不可能找出一种最简单通用的设计方法。

顺序设计法则是用输入信号控制代表各步的编程元件（M 或 S），再用 M（或 S）去控制输出信号，如图 3-15（b）所示。因为步是根据输出信号划分的，而 M 与输出量之间又仅有很简单的"与"或"相等"的逻辑关系，所以输出电路的设计很简单。

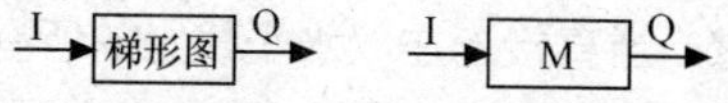

（a）经验设计法　　（b）顺序设计法

图3-15　经验设计法与顺序设计法的区别

由上分析可知，顺序设计法具有简单、规范、通用的优点，用这种方法基本上解决了经验设计法中记忆、联锁等问题。任何复杂的控制系统均可以采用顺序设计法来设计，很容易被掌握。

5. 复杂的顺序功能图的设计举例

图 3-16（a）为某专用钻床的结构示意图，用 2 只钻头同时钻 2 个孔。开始之前 2 个钻头在最上面，上限位开关 I0.0 和 I0.2 为 ON。操作人员按下启动按钮 I1.0，工件被夹紧，夹紧后 2 只钻头同时开始下钻，钻到由下限位开关 I0.1 和 I0.3 设定的深度时分别上行，上行到由限位开关 I0.0 和 I0.2 设定的起始位置时分别停止上行。2 个都到位后，工件被松开。松开到位后，加工结束，系统返回到初始状态。

该系统的顺序功能图用存储器 M0.0～M1.0 代表各步，2 只钻头和各自的限位开关组成了 2 个子系统，这 2 个子系统在钻孔过程中同时工作，因此采用并行序列，如图 3-16（b）所示。

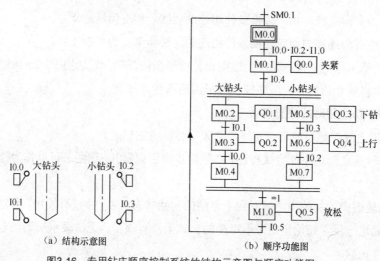

（a）结构示意图　　　　　（b）顺序功能图

图3-16　专用钻床顺序控制系统的结构示意图与顺序功能图

3-1　用经验法设计满足图 3-17 所示波形图对应的梯形图。

3-2　用经验法设计满足图 3-18 所示波形图对应的梯形图。

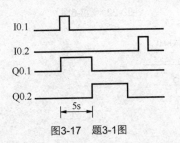

图3-17　题3-1图

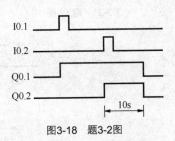

图3-18　题3-2图

3-3　试设计满足图 3-19 所示波形图对应的功能图。

3-4　图 3-20 中的 3 条运输带顺序相连，按下启动按钮，3 号运输带开始运行，5 s 后 2 号运输带自动启动。再过 5 s 后 1 号运输带自动启动。停机的顺序与启动的顺序正好相反，间隔时间仍然为 5 s。试绘出顺序功能图。

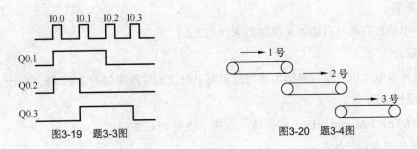

图3-19　题3-3图

图3-20　题3-4图

3-5　液体混合装置如图 3-21 所示，SLH、SLI 和 SLL 是液面传感器，它们被液体淹没时为"1"状态，YV1~YV3 为电磁阀。开始时容器是空的，各阀门均为关闭，各传感器均为"0"状态。按下启动按钮后，YV1 打开，液体 A 流入容器，SLI 为"1"状态时，关闭 YV1，打开 YV2，液体 B 流入容器。当液面升至 SLH 时，关闭 YV2，电动机 M 开始搅拌液体，60s 后停止搅拌，打开 YV3，放出混合液，当液面降至 SLL 之后再过 2 s，容器放空，关闭 YV3，开始下一周期的操作。按下停止按钮，在当前的混合操作结束后，才停止操作（停在初始状态）。给各输入/输出变量分配元件号，绘出系统的顺序功能图。

3-6　试绘出图 3-22 所示信号灯控制系统的顺序功能图，当按下启动按钮 I0.0 后，信号灯按波形图的顺序工作。

3-7　小车在初始状态时停在中间，限位开关 I0.0 为 ON，按下启动按钮 I0.3，小车开始右行，并按图 3-23 所示的顺序运动，最后返回并停止在初始位置。试绘出系统控制的顺序功能图。

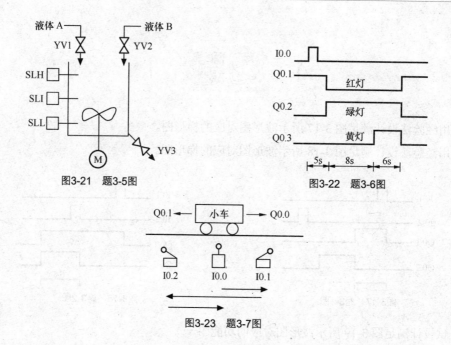

图3-21　题3-5图

图3-22　题3-6图

图3-23　题3-7图

实训课题3　三速异步电动机启动与自动加速的控制

三速异步电动机启动与自动加速的梯形图如图 3-10 所示。

1. 控制要求

三速异步电动机启动与自动加速控制要求详见 3.2.1。

2. 程序设计

根据三速异步电动机启动与自动加速的控制要求设计的梯形图如图 3-10（b）所示。

3. 上机操作步骤

（1）启动 STEP 7-Micro/ WIN，将程序录入并下载到 PLC 主机中。

（2）使 PLC 进入运行状态。

（3）程序调试。在运行状态下，用接在 PLC 输入端的各开关 I0.0、I0.1 的通/断状态来观察 PLC 输出端 Q0.1、Q0.2、Q0.3 对应的 LED 状态变化是否符合三速异步电动机启动与自动加速的控制要求。

第4章
顺序控制设计方法中梯形图的编程方法

本意主要介绍根据顺序功能图设计梯形图的 3 种编程方法，即使用启保停电路的顺序控制梯形图的编程方法；以转换为中心的顺序控制梯形图的编程方法；使用 SCR 指令的顺序控制梯形图的编程方法及具有多种工作方式系统的顺序控制梯形图的编程方法。掌握以上几种编程方法，可方便地绘制出梯形图程序。

4.1　使用启保停电路的顺序控制梯形图的编程方法

根据顺序功能图设计梯形图时，可以用位存储器来代表各步。当某一步为活动步时，对应的存储器位为 1 状态，当某一转换条件满足时，该转换的后续步变为活动步，而前级步变为不活动步。

4.1.1　单序列的编程方法

图 4-1（a）中的波形图给出了锅炉鼓风机和引风机的控制要求。当按下启动按钮 I0.0 后，应先开引风机，延时 15 s 后再开鼓风机。按下停止按钮 I0.1 后，应先停鼓风机，20s 后再停引风机。

根据 Q0.0 和 Q0.1 接通/断开状态的变化，其工作期间可以分为 3 步，分别用 M0.1、M0.2、M0.3 来代表这 3 步，用 M0.0 来代表等待启动的初始步。启动按钮 I0.0，停止按钮 I0.1 的常开触点、定时器延时接通的常开触点为各步之间的转换条件，顺序功能图如图 4-1（b）所示。

设计启保停电路的关键是要找出它的启动条件和停止条件。根据转换实现的基本规则，转换实现的条件是它的前级步应为活动步，并且满足相应的转换条件。步 M0.1 变为活动步的条件是步 M0.0 应为活动步，且转换条件 I0.0 为 1 状态。在启保停电路中，则应将代表前级步的 M0.0 的常开触点和代表转换条件的 I0.0 的常开触点串联后，作为控制 M0.1 的启动电路。

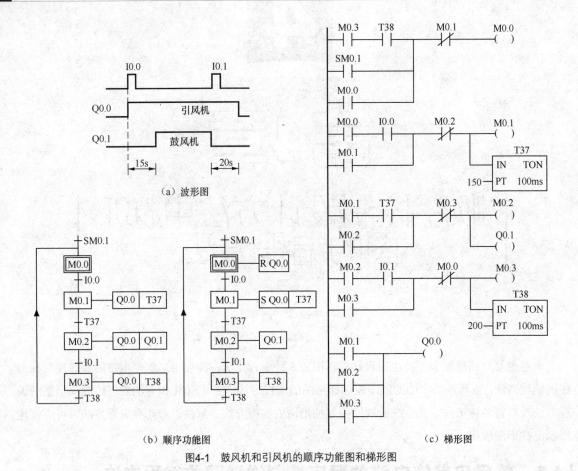

图4-1　鼓风机和引风机的顺序功能图和梯形图

　　当 M0.1 和 T37 的常开触点均闭合时，步 M0.2 变为活动步，这时步 M0.1 应变为不活动步，因此可以将 M0.2 为 1 状态作为使存储器位 M0.1 变为断开的条件，即将 M0.2 的常闭触点与 M0.1 的线圈串联。上述的逻辑关系可以用逻辑代数式表示为

$$M0.1 = (M0.0 \cdot I0.0 + M0.1) \cdot \overline{M0.2}$$

　　在这个例子中，可以用 T37 的常闭触点代替 M0.2 的常闭触点。但是当转换条件由多个信号经与、或、非逻辑运算组合而成时，需将它的逻辑表达式求反，再将对应的触点串并联电路作为启保停电路的停止电路，这样做不如使用后续步对应的常闭触点简单方便。

　　根据上述的编程方法和顺序功能图，很容易画出梯形图。以初始步 M0.0 为例，由顺序功能图可知，M0.3 是它的前级步，二者之间的转换条件为 T38 的常开触点。所以应将 M0.3 和 T38 的常开触点串联，作为 M0.0 的启动电路。PLC 开始运行时应将 M0.0 置为 1，否则系统无法工作，所以将 PLC 的特殊继电器 SM0.1（仅在第 1 个扫描周期接通）常开触点与激活 M0.0 的条件并联。为了保证活动状态能持续到下一步活动为止，还加上 M0.0 的自保持触点。后续步 M0.1 的常闭触点与 M0.0 的线圈串联，M0.1 为 1 状态时，M0.0 的线圈断电，初始步变为不活动步。M0.1、M0.2、M0.3 的电路也是一样，请自行分析。

　　下面介绍梯形图的输出电路设计方法。由于步是根据输出变量的状态变化来划分的，所以它们之间的关系极为简单，可以分为两种情况来处理。

当某一输出量仅在某一步中为接通状态，例如图 4-1 中的 Q0.1 就属于这种情况，可以将它的线圈与对应步的位存储器 M0.2 的线圈并联。

也许会有人认为，既然如此，不如用这些输出来代表该步，如用 Q0.1 代替 M0.2。当然这样做可以节省一些编程元件，但是位存储器是完全够用的，多用一些不会增加硬件费用，在设计和输入程序时也多花不了多少时间。全部用位存储器来代表步具有概念清楚、编程规范、梯形图易于阅读和查错的优点。

当某一输出量在几步中都为接通状态，应将代表各有关步的位存储器的常开触点并联后，驱动该输出的线圈。图 4-1 中 Q0.0 在 M0.1～M0.3 这 3 步中均应工作，所以用 M0.1～M0.3 的常开触点组成的并联电路来驱动 Q0.0 的线圈。

如果某些输出量像 Q0.0 一样，在连续的若干步均为 1 状态，也可以用置位、复位指令来控制它们，如图 4-1（b）所示。

4.1.2　选择序列的编程方法

1. 选择序列分支开始的编程方法

图 4-2 所示的步 M0.0 之后有 1 个选择序列的分支开始，设 M0.0 为活动步时，后面有两条支路供选择，若转换条件 I0.0 先满足，则后续步 M0.1 将变为活动步，而 M0.0 变为不活动步；若转换条件 I0.2 先满足，则后续步 M0.2 将变为活动步，而 M0.0 变为不活动步。在编程时应将 M0.1 和 M0.2 的常闭触点与 M0.0 的线圈串联，作为步 M0.0 的结束条件。

若某一步的后面有一个由 N 条分支组成的选择序列，该步可能要转换到某一条支路去，这时应将这 N 条支路的后续步对应的存储器位的常闭触点与该步的线圈串联，作为该步的结束条件。

2. 选择序列分支合并的编程方法

图 4-2 所示的步 M0.3 之前有一个选择序列分支的合并，当步 M0.1 为活动步，且转换条件 I0.1 满足，或 M0.2 为活动步，且转换条件 I0.3 满足，步 M0.3 都将变为活动步，故步 M0.3 的启保停电路的起始条件应为 M0.1·I0.1+M0.2·I0.3，对应的启动电路由两条并联支路组成，每条支路分别由 M0.1·I0.1 或 M0.2·I0.3 的常开触点串联而成。

对于某一步之前有 N 个转换，即有 N 条分支进入该步，则控制该步的位存储器的启保停电路的启动电路由 N 条支路并联而成，各支路由某一前级步对应的存储器位的常开触点与相应转换条件对应的触点串联而成。

3. 仅有 2 步的闭环的处理

如果在顺序功能图中存在仅由两步组成的小闭环，如图 4-3（a）所示，用启保停电路设计的梯形图不能正常工作。例如 M0.2 和 I0.2 均为 1 时，M0.3 的启动电路接通，但是这时与 M0.3 的线圈串联的 M0.2 的常闭触点却是断开的，所以 M0.3 的线圈不能通电。出现上述问题的根本原因在于步 M0.2 既是步 M0.3 的前级步，又是它的后续步。如果在小闭环中增设一步就可以解决这一问题，如图 4-3（b）所示，这一步只起延时作用，延时时间可以取得很短（如 0.1s），对系统的运行不会有什么影响。

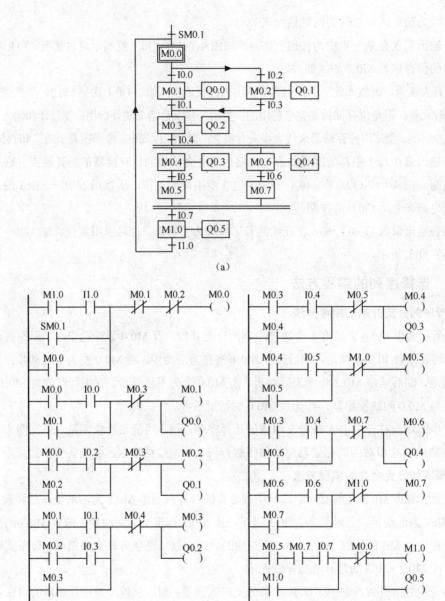

图4-2　选择序列与并行序列的顺序功能图与梯形图

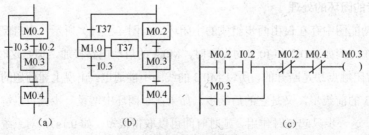

图4-3　仅有2步的闭环的处理

4.1.3　并行序列的编程方法

1. 并行序列分支开始的编程方法

图 4-2 中步 M0.3 之后有一个并行序列的分支，当步 M0.3 为活动步并且转换条件 I0.4 满足时，步 M0.4 与步 M0.6 应同时变为活动步，这是用 M0.3 和 I0.4 的常开触点组成的串联电路分别作为 M0.4 和 M0.6 的启动电路来实现的；与此同时，步 M0.3 应变为不活动步。由于步 M0.4 和步 M0.6 是同时变为活动步的，所以只需将 M0.4 或 M0.6 的常闭触点与 M0.3 的线圈串联，作为步 M0.3 的结束条件。

2. 并行序列分支合并的编程方法

图 4-2 中步 M1.0 之前有一个并行序列的合并，该转换实现的条件是所有的前级步（即 M0.5 和 M0.7）都是活动步和转换条件 I0.7 满足就可以使步 M1.0 为活动步。由此可知，应将 M0.5、M0.7 和 I0.7 的常开触点串联，作为控制 M1.0 的启保停电路的启动电路。

任何复杂的顺序功能图都是由单序列、选择序列和并行序列组成的，掌握了单序列的编程方法和选择序列、并行序列的分支开始、分支合并的编程方法后，就不难迅速地设计出任意复杂的顺序功能图所描述的数字量控制系统的梯形图。

4.1.4　应用设计举例

图 4-4（a）是某剪板机的示意图，开始时压钳和剪刀在上限位置，限位开关 I0.0 和 I0.1 均为 ON。按下启动按钮 I1.0，工作过程为：首先板料右行（Q0.0 为 ON）至限位开关 I0.3，然后压钳下行（Q0.1 为 ON 并保持），压紧板料后，压力继电器 I0.4 为 ON，压钳保持压紧，剪刀开始下行（Q0.2 为 ON）。剪断板料后，I0.2 为 ON，压钳和剪刀同时上行（Q0.3 和 Q0.4 为 ON，Q0.1 和 Q0.2 为 OFF），它们分别碰到限位开关 I0.0 和 I0.1 后，分别停止上行，都停止后，又开始下一周期的工作，当剪完 20 块板料后停止工作并停在初始状态。

根据以上控制要求设计的顺序功能图如图 4-4（b）所示。图中有选择序列、并行序列的分支开始与分支合并。用 M0.0～M0.7 代表各步，步 M0.0 是初始步，用来复位计数器 C0。加计数器 C0 是用来控制剪料的次数，每次工作循环 C0 的当前值在步 M0.7 加 1。没有剪完 20 块料时，C0 的当前值小于设定值 20，C0 常闭触点闭合，即转换条件满足，将返回步 M0.1，重新开始下一周期的工作。当剪完 20 块板料后，C0 的当前值等于设定值 20，C0 常开触点闭合，即转换条件满足，将返回到初始步 M0.0，等待下一次启动信号。这是一个选择序列的分支，其编程方法如梯形图中的 M0.0 与 M0.1 电路所示。

当 M0.3 步为活动步时，且剪刀下行到位 I0.2 条件满足，同时使步 M0.4 与步 M0.6 为活动步，使压钳和剪刀同时上行，这是一个并行序列的分支开始，用 M0.3 · I0.2 的常开触点串联作为步 M0.4 与步 M0.6 的启动条件。当 M0.4、M0.6 均为活动步时，则步 M0.3 变为不活动步，所以用 M0.4 或 M0.6 的常闭触点与 M0.3 的线圈串联，作为关断 M0.3 线圈的条件。

步 M0.5 和步 M0.7 是等待步，不执行任何动作，只是用来同时结束两个子序列，这是并行序列的合并，即只要步 M0.5 和步 M0.7 都是活动步时，转换条件满足（C0 常开或常闭动作），就会实现步 M0.5、步 M0.7 到步 M0.0 或步 M0.1 的转换。当步 M0.0 或步 M0.1 变为活动步时，步 M0.5、步 M0.7 同时变为不活动步，所以用 M0.0 与 M0.1 的常闭触点串联再与 M0.5 线圈或 M0.7 线圈串联，作为二者的关断信号。

根据顺序功能图设计梯形图如图 4-4（c）所示。

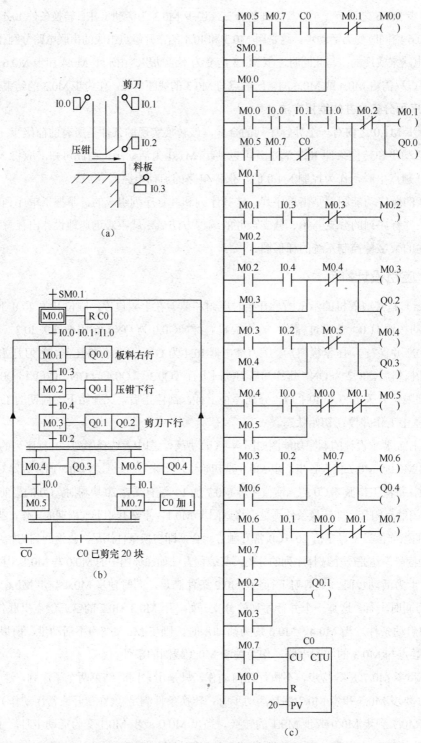

图4-4 剪板机的顺序功能图与梯形图

4.2　以转换为中心的顺序控制梯形图的编程方法

在顺序功能图中，如果某一转换所有的前级步都是活动步并且满足相应的转换条件，则转换实现。即所有由有向连线与相应转换条件相连的后续步都变为活动步，而所有由有向连线与相应转换条件相连的前级步都变为不活动步。在以转换为中心的编程方法中，将该转换所有前级步对应的位存储器的常开触点与转换条件对应的触点串联，作为使所有后续步对应的位存储器置位（使用 S 指令），和使所有前级步对应的位存储器复位（使用 R 指令）的条件。在任何情况下，代表步的位存储器的控制电路都可以用这一原则来设计，每一个转换对应一个这样的控制置位和复位的电路块，有多少个转换就有多少个这样的电路块。这种设计方法特别有规律，梯形图与转换实现的基本原则之间有着严格的对应关系，在设计复杂的顺序功能图的梯形图时既容易掌握，又不容易出错。

4.2.1　单序列的编程方法

仍以图 4-1 鼓风机和引风机的顺序功能图为例来介绍以转换为中心的顺序控制梯形图的编程方法，其梯形图如图 4-5 所示。

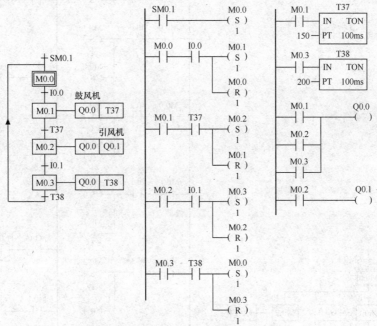

图4-5　鼓风机和引风机的顺序功能图与梯形图

若实现图中 M0.1 对应的转换需要同时满足两个条件，即该转换的前级步 M0.0 是活动步和转换条件 I0.0 满足。在梯形图中，就可以用 M0.0 和 I0.0 的常开触点组成的串联电路来表示上述条件。该电路接通时，两个条件同时满足，此时应将该转换的后续步变为活动步（用置位指令将 M0.1 置位）和将该转换的前级步变为不活动步（用复位指令将 M0.0 复位），这种编程方法与转换实现的基本原则之间有着严格的对应关系，用它编制复杂的顺序功能图的梯形图时，更能显示出它的优越性。

使用这种编程方法时，不能将输出继电器、定时器、计数器的线圈与置位指令和复位指令并联，这是因为图 4-5 中前级步和转换条件对应的串联电路接通的时间是相当短的（只有一个扫描周期），转换条件满足后前级步马上被复位，该串联电路断开，而输出继电器的线圈至少应该在某一步对应的全部时间内被接通。所以应根据顺序功能图，用代表步的位存储器的常开触点或它们的并联电路来驱动输出存储器线圈。

4.2.2　选择序列的编程方法

如果某一转换与并行序列的分支、合并无关，它的前级步和后续步都只有一个，需要复位、置位的存储器位也只有一个，因此对选择序列的分支与合并的编程方法实际上与对单序列的编程方法完全相同。仍以图 4-2 所示的顺序功能图为例进行分析选择序列的编程方法。

在图 4-2 中，除了 M0.4 与 M0.6 对应的转换以外，其余的转换均与并行序列无关，I0.0～I0.2 对应的转换与选择序列的分支、合并有关，它们都只有一个前级步和一个后续步。与并行序列无关的转换对应的梯形图是非常标准的，每一个控制置位、复位的电路块都由前级步对应的位存储器和转换条件对应的触点组成的串联电路，一条置位指令和一条复位指令组成。图 4-6（对应图 4-2）所示为以转换条件为中心的编程方式的梯形图。

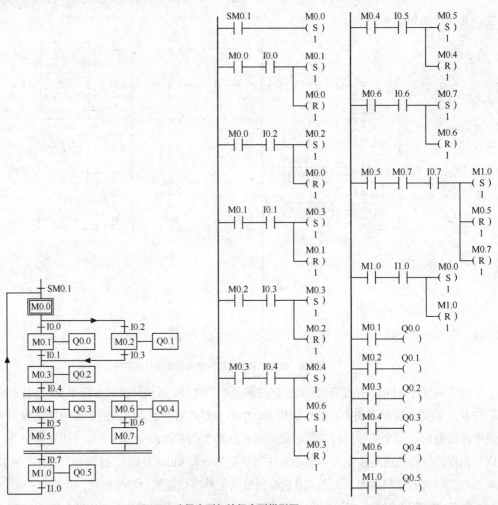

图4-6　选择序列与并行序列梯形图

4.2.3　并行序列的编程方法

图 4-2 所示的步 M0.3 之后有一个并行序列的分支,当 M0.3 是活动步,并且转换条件 I0.4 满足时,步 M0.4 与步 M0.6 应同时变为活动步,这是用 M0.3 和 I0.4 的常开触点组成的串联电路使 M0.4 和 M0.6 同时置位来实现的;与此同时,步 M0.3 应变为不活动步,这是用复位指令来实现的。

I0.7 对应的转换之前有一个并行序列的合并,该转换实现的条件是所有的前级步(即步 M0.5 和 M0.7)都是活动步和转换条件 I0.7 满足。由此可知,应将 M0.5、M0.7 和 I0.7 的常开触点串联,作为使 M1.0 置位和使 M0.5、M0.7 复位的条件。

图 4-7 中转换的上面是并行序列的合并,转换的下面是并行序列的分支,该转换实现的条件是所有的前级步(即步 M2.0 和 M2.1)都是活动步和转换条件 $\overline{I0.1}+I0.2$ 满足,因此应将 M2.0、M2.1、I0.2 的常开触点与 I0.1 的常闭触点组成的串并联电路,作为使 M2.2、M2.3 置位和使 M2.0、M2.1 复位的条件。

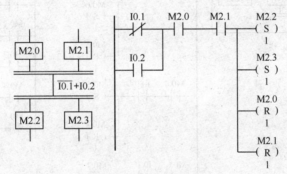

图4-7　转换的同步实现

4.2.4　应用设计举例

图 4-4 为剪板机的顺序功能图,用以转换条件为中心的编程方法绘制梯形图程序。顺序功能图中共有 9 个转换(包括 SM0.1),转换条件 SM0.1 只需对初始步 M0.0 置位。除了与并行序列的分支、合并有关的转换以外,其余的转换都只有一个前级步和一个后级步,对应的电路块均由代表转换实现的两个条件的触点组成串联电路,一条置位指令和一条复位指令组成。在并行序列的分支处,用 M0.3 和 I0.2 的常开触点组成的串联电路对两个后续步 M0.4 和 M0.6 置位,和对前级步 M0.3 复位。在并行序列的合并处的双水平线之下,有一个选择序列的分支。剪完了 C0 设定的块数时,C0 的常开触点闭合,将返回初步 M0.0。所以应将该转换之前的两个前级步 M0.5 和 M0.7 的常开触点和 C0 的常开触点串联,作为对后续步 M0.0 置位和对前级步 M0.5 和 M0.7 复位的条件。没有剪完 C0 设定的块数时,C0 的常闭触点闭合,将返回步 M0.1,所以将两个前级步 M0.5 和 M0.7 的常开触点和 C0 的常闭触点串联,作为后续步 M0.1 置位和对前级步 M0.5 和 M0.7 复位的条件。对应的梯形图如图 4-8 所示。

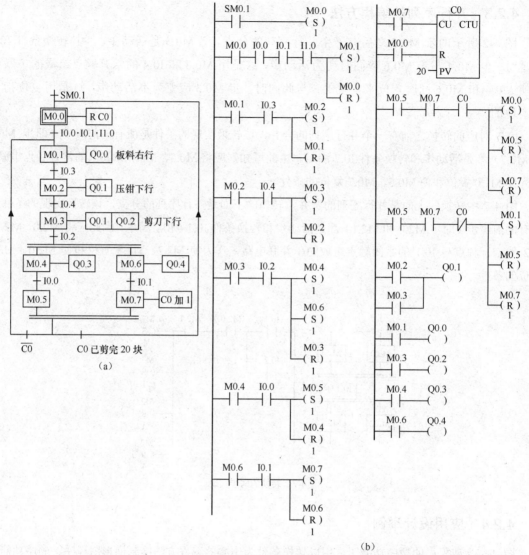

图4-8　剪板机控制系统的梯形图

4.3　使用 SCR 指令的顺序控制梯形图的编程方法

4.3.1　顺序控制继电器指令

S7-200 中的顺序控制继电器专门用于顺序控制程序。顺序控制程序被顺序控制继电器指令划分为 LSCR 与 SCRE 指令之间的若干个 SCR 段，一个 SCR 段对应于顺序功能图中的一步。

装载顺序控制继电器（Load Sequence Control Relay，LSCR）指令 n 用来表示一个 SCR 段，即顺序功能图中的步的开始。指令中的操作数 n 为顺序控制继电器（BOOL 型）地址，顺序控制继电器为 1 状态时，对应的 SCR 段中的程序被执行，反之则不被执行。

顺序控制继电器结束（Sequence Control Relay End，SCRE）指令用来表示 SCR 段的结束。

顺序控制继电器转换（Sequence Control Relay Transition，SCRT）指令用来表示 SCR 段之间的转换，即步的活动状态的转换。当 SCRT 线圈通电时，SCRT 中指定的顺序功能图中的后续步对应的顺序控制继电器 n 变为 1 状态，同时当前活动步对应的顺序控制继电器变为 0 状态，当前步变为不活动步。LSCR 指令中的 n 指定的顺序控制继电器被放入 SCR 堆栈的栈顶，SCR 堆栈中 S 位的状态决定对应的 SCR 段是否执行。由于逻辑堆栈栈顶的值装入了 S 位的值，所以能将 SCR 指令和它后面的线圈直接连接到左侧母线上。

使用 SCR 时有如下的限制：不能在不同的程序中使用相同的 S 位；不能在 SCR 段中使用 JMP 及 LBL 指令，即不允许用跳转的方法跳入或跳出 SCR 段；不能在 SCR 段中使用 FOR、NEXT 和 END 指令。

4.3.2　单序列的编程方法

图 4-9 为小车运动的示意图、顺序功能图和梯形图。设小车在初始位置时停在左边，限位开关 I0.2

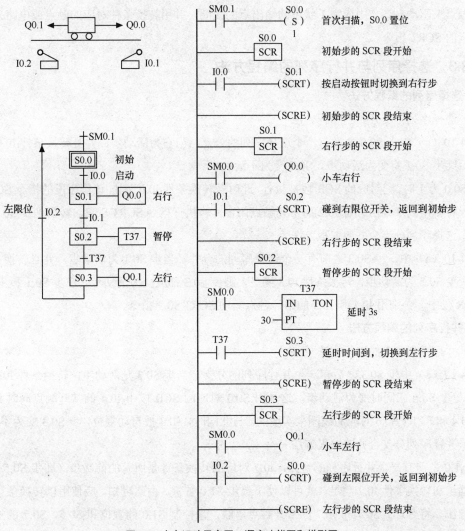

图4-9　小车运动示意图、顺序功能图和梯形图

为 1 状态。当按下启动按钮 I0.0 后，小车向右运行，运动到位压下限位开关 I0.1 后，停在该处，3 s 后开始左行，左行到位压下限位开关 I0.2 后返回初始步，停止运行。根据 Q0.0 和 Q0.1 状态的变化可知，一个工作周期可以分为左行、暂停和右行 3 步，另外还应设置等待启动的初始步，并分别用 S0.0～S0.3 来代表这 4 步。启动按钮 I0.0 和限位开关的常开触点、T37 延时接通的常开触点是各步之间的转换条件。

首次扫描时 SM0.1 的常开触点接通一个扫描周期，使顺序控制继电器 S0.0 置位，初始步变为活动步。按下启动按钮 I0.0，SCRT S0.1 指令的线圈得电，使 S0.1 变为 1 状态，S0.0 变为 0 状态，系统从初始步转换到右行步，转为执行 S0.1 对应的 SCR 段。在该段中，因为 SM0.0 一直为 1 状态，其常开触点闭合，Q0.0 的线圈得电，小车右行。当压下右限位开关时，I0.1 的常开触点闭合，将实现右行步 S0.1 到暂停步的转换。定时器 T37 用来使暂停步持续到 3 s。延时时间到时 T37 的常开触点接通，使系统由暂停步转换到左行步 S0.3，直到返回初始步。

在设计梯形图时，用 LSCR 和 SCRE 指令作为 SCR 段的开始和结束指令。在 SCR 段中用 SM0.0 的常开触点来驱动在该步中应为 1 状态的输出点的线圈，并用转换条件对应的触点或电路来驱动转到后续步的 SCRT 指令。

4.3.3　选择序列与并行序列的编程方法

1. 选择序列的编程方法

（1）选择序列分支开始的编程方法

图 4-10（a）中步 S0.0 之后有一个选择序列的分支，当它为活动步，并且转换条件 I0.0 得到满足时，后续步 S0.1 将变为活动步，S0.0 变为不活动步。

当 S0.0 为 1 时，它对应的 SCR 段被执行，此时若转换条件 I0.0 为 1，该程序段的指令 SCRT S0.1 被执行，将转换到步 S0.1。若 I0.2 的常开触点闭合，将执行指令 SCRT S0.2，转换到步 S0.2。

（2）选择序列分支合并的编程方法

图 4-10（a）中，步 S0.3 之前有一个选择序列的合并，当步 S0.1 为活动步，并且转换条件 I0.1 满足，或步 S0.2 为活动步，转移条件 I0.3 满足，则步 S0.3 都应变为活动步。在步 S0.1 和步 S0.2 对应的 SCR 段中，分别用 I0.1 和 I0.3 的常开触点驱动 SCRT S0.3 指令。

2. 并行序列的编程方法

（1）并行序列分支的编程方法

图 4-10（a）中步 S0.3 之后有一个并行序列的分支，当步 S0.3 是活动步，转换条件 I0.4 满足，步 S0.4 与步 S0.6 应同时变为活动步，这是用 S0.3 对应的 SCR 段中 I0.4 的常开触点同时驱动指令 SCRT S0.4 和 SCRT S0.6 对应的线圈来实现的。与此同时，S0.3 被自动复位，步 S0.3 变为不活动步。

（2）并行序列分支合并的编程方法

步 S1.0 之前有一个并行序列的合并，I0.7 对应的转换条件是所有的前级步（即步 S0.5 和 S0.7）都是活动步和转换条件 I0.7 满足，就可以使下级步 S1.0 置位。由此可知，应使用以转换条件为中心的编程方法，将 S0.5、S0.7 和 I0.7 的常开触点串联，来控制 S1.0 的置位和 S0.5、S0.7 的复位，从而使步 S1.0 变为活动步，步 S0.5 和 S0.7 变为不活动步。其梯形图如图 4-10（b）所示。

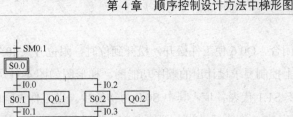

(a) 功能图

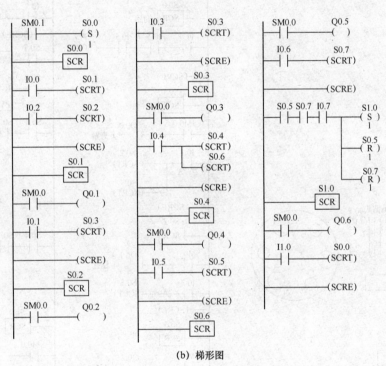

(b) 梯形图

图4-10　选择序列与并行序列的功能图和梯形图

4.3.4　应用设计举例

某专用钻床用来加工圆盘状零件上均匀分布的 6 个孔如图 4-11（a）所示。开始自动运行时两个钻头在最上面的位置，限位开关 I0.3 和 I0.5 为 ON。操作人员放好工件后，按下启动按钮 I0.0，Q0.0 变为 ON，工件被夹紧，夹紧后压力继电器 I0.1 为 ON，Q0.1 和 Q0.3 使两只钻头同时开始工作，分别钻到由限位开关 I0.2 和 I0.4 设定的深度时，Q0.2 和 Q0.4 使两只钻头分别上行，升到由限位开关 I0.3 和 I0.5 设定的起始位置时，分别停止上行，设定值为 3 的计数器 C0 的当前值加 1。两只钻头都上升到位后，若没有钻完 3 对孔，C0 的常闭触点闭合，Q0.5 使工件旋转 120°，旋转到位时限位开关 I0.6 为 ON，旋转结束后又开始钻第 2 对孔。3 对孔都钻完后，计数器的当前值等于设定值 3，C0

的常开触点闭合，Q0.6 使工件松开，松开到位时，限位开关 I0.7 为 ON，系统返回到初始状态。

根据以上控制要求设计出的顺序功能图、梯形图如图 4-11（b）、（c）所示。

用 S0.0～S1.1 代表各步，其中 S0.0 为初始步。当工件夹紧时 S0.1 为活动步，转换条件满足，使步 S0.2 和步 S0.5 变为活动步，而使步 S0.1 变为不活动步，这是并行序列的分支。在步 S0.4 和步 S0.7 的下面出现了两条支路，当步 S0.4 和步 S0.7 均为活动步时，若计数器的当前值小于设定值 3，则 C0 常闭触点闭合，使步 S1.0 为活动步，使工件旋转。若计数器的当前值等于设定值 3 时，条件 C0 的常开触点闭合，使步 S1.1 为活动步，使工件松开，这是选择序列的分支。

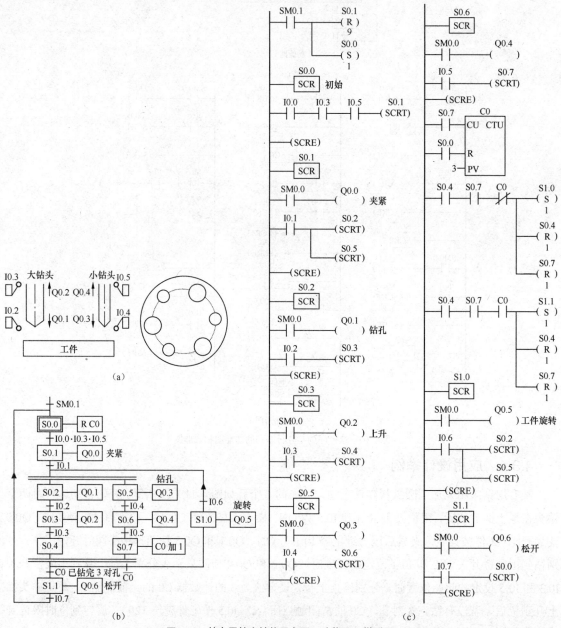

图4-11 某专用钻床结构示意图、功能图、梯形图

4.4　具有多种工作方式系统的顺序控制梯形图的编程方法

4.4.1　系统的硬件结构与工作方式

1. 硬件结构

为了满足生产的需要，很多设备要求设置多种工作方式，如手动和自动（包括连续、单周期、单步和自动返回初始状态）工作方式。手动控制比较简单，一般采用经验设计法设计，复杂的自动程序一般采用顺序设计法设计。

图 4-12（a）为某机械手结构示意图，用机械手将工件从 A 点搬运到 B 点。当工件夹紧时，Q0.1 为 ON，工件松开时，Q0.1 为 OFF。图 4-12（b）为操作面板图，工作方式选择开关的 5 个位置分别对应于 5 种工作方式，操作面板下部的 6 个按钮（I0.5～I1.2）是手动按钮。图 4-13 所示为 PLC 的 I/O 接线图。为了保证在紧急情况下（包括 PLC 发生故障时）能可靠地切断 PLC 的负载电源，设置了交流接触器 KM，如图 4-13 所示。在 PLC 开始运行时按下"负载电源"按钮，使 KM 线圈通电并自锁，给外部负载提供交流电源。出现紧急情况时用"紧急停车"按钮断开负载电源。

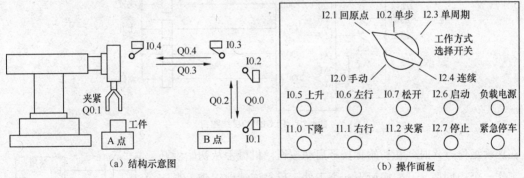

图4-12　机械手结构示意图及操作面板

2. 工作方式

系统设有手动、单步、单周期、连续和回原点 5 种工作方式。

在手动工作方式时，用 I0.5～I1.2 对应的 6 个按钮分别独立控制机械手的升、降、左行、右行和夹紧、放松。

系统处于原点状态（或初始状态）时，机械手在最上面和最左边，且夹紧装置为松开状态。在进入单步、单周期和连续工作方式之前，系统应处于原点状态；若不满足这一条件，可选择回原点工作方式，然后再按下启动按钮 I2.6，使系统自动返回原点状态。在原点状态时，顺序控制功能图中的初始步 M0.0 为 ON，为进入单步、单周期和连续工作方式做好准备。

机械手原点开始，将工件从 A 点搬到 B 点，最后返回到初始状态的过程称为一个工作周期。

在单步工作方式时，从初始步开始，每按一次启动按钮，系统只向下转换一步的操作，完成该步的动作后，自动停止工作并停留在该步，这种工作方式常用于系统的调试。

在单周期工作方式时，若初始步为活动步，按下启动按钮 I2.6 后，从初始步 M0.0 开始，机械手按下降→夹紧→上升→右行→下降→放松→上升→左行的规定完成一个周期的工作后，返回并停留在初始步。

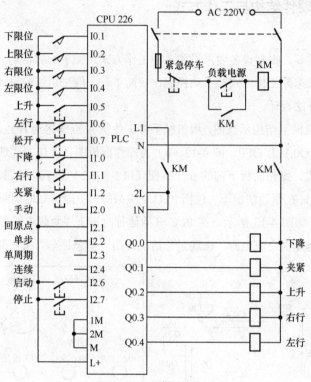

图4-13　PLC的I/O接线图

在连续工作方式时，在初始步按下启动按钮，机械手从初始步开始，工作一个周期后又开始搬运下一个工件，反复连续地工作。当按下停止按钮时，系统并不马上停止工作，要完成一个周期的工作后，系统才返回并停留在初始步。

在回原点工作方式时，I2.1 为 ON。按下启动按钮 I2.6 时，机械手在任意状态中都可以返回到初始状态。

3. 主程序的总体结构

图 4-14 所示为主程序的总体结构，SM0.0 的常开触点一直为 ON，公用程序一直为无条件执行状态。在手动方式，I2.0 为 ON，执行"手动"子程序。在自动回原点方式时，I2.1 为 ON，执行"回原点"子程序。在其他 3 种工作方式时执行"自动"子程序。

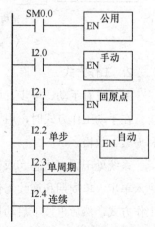

图4-14　主程序的总体结构

4.4.2　使用启保停电路的编程方法

1. 公用程序

公用程序如图 4-15 所示，它是用于处理各种工作方式都要执行的任务，以及不同的工作方式之间相互切换的处理。

如图 4-15 所示，当左限位 I0.4，上限位 I0.2 的常开触点和表示机械手松开的 Q0.1 的常闭触点的串联电路接通时，"原点条件" M0.5 变为 ON。当机械手处于原点状态，M0.5 为 ON，在开始执行用户程序时 SM0.1 为 ON，若系统处于手动或自动回原点状态（I2.0 或 I2.1 为 ON）时，初始步 M0.0 将被置位，为进入单步、单周期和连续工作方式做好准备。若此时 M0.5 为 OFF 状态，M0.0 将被复位，初始步为不活动步，系统不能在单步、单周期和连续工作方式下工作。

当系统处于手动和回原点工作方式时，必须将图 4-17 中除初始步以外的各步对应的位存储器（M2.0～M2.7）全部复位，否则当系统从自动工作方式切换到手动工作方式，然后又返回自动工作方式时，可能会出现同时有两个活动步的异常现象，会引起错误的动作。

若不是回原点方式，I2.1 的常闭触点闭合，将代表回原点顺序功能图（见图 4-19）中的各步的 M1.0～M1.5 复位。

2. 手动程序

手动程序如图 4-16 所示，为保证系统安全运行，在手动程序中设置了一些必要的联锁。

① 设置了用限位开关 I0.1～I0.4 的常闭触点，限制机械手的移动范围。

② 上限位开关 I0.2 的常开触点与控制左、右行的 Q0.4 和 Q0.3 的线圈串联，保证机械手必须上升到最高位置时才能左右运动，避免机械手在较低位置运行时与别的物体碰撞。

③ 为防止两个功能相反的运动同时工作，设置了上升与下降、左行与右行之间的互锁。

④ 只允许机械手在最左侧和最右侧时上升、下降和松开工作。

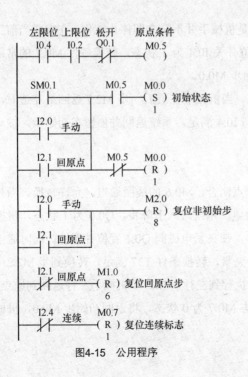

图4-15　公用程序　　　　　　　　　　图4-16　手动程序

3. 自动程序

自动程序如图 4-17（a）所示，它是执行单步、单周期和连续工作方式的顺序功能图，M0.0 为初始步，M2.0～M2.7 分别是下降→夹紧→上升→右行→下降→放松→上升→左行的各步。图 4-17（b）是用启保停电路的编程方法设计的梯形图程序。

单步、单周期和连续这 3 种工作方式主要用"连续"标志 M0.7 和"允许转换"标志 M0.6 来区分。

（1）单步与非单步的区分

M0.6 的常开触点接在每一个控制代表步的位存储器的启动电路中，当 M0.6 断开，将禁止步的活动状态转换。若系统处于单步工作方式时，I2.2 为 1，它的常闭触点断开，使"允许转换"位存储器 M0.6 为 0 状态，不允许步与步之间转换。当某一步的工作状态结束后，转换条件满足，若没有按启动按钮 I2.6，M0.6 仍处于 0 状态。启保停电路的启动电路处于断开状态，不会转换到下一步。当按下启动按钮 I2.6 时，M0.6 在 I2.6 的上升沿接通一个扫描周期，M0.6 的常开触点接通，系统才会转换到下一步。

系统工作在连续、单周期工作方式时，I2.2 的常闭触点接通，允许步与步之间的正常转换。

（2）单周期与连续的区分

在连续工作方式时，I2.4 为 1 状态。当 M0.0 为活动步时，按下启动按钮 I2.6，M2.0 变为 1，机械手下降，与此同时，控制连续工作的 M0.7 的线圈通电并保持。

当机械手在步 M2.7 返回最左边时，转换条件 I0.4、M0.7 满足，系统将返回到步 M2.0，反复连续地工作下去。

按下停止按钮 I2.7 后，M0.7 变为 0 状态，但是机械手并不会立即停止工作，在完成当前工作周期的全部操作后，机械手才返回到最左边，左限位开关 I0.4 为 1 状态，转换条件 M0.7 的常闭触点与 I0.4 满足，系统才从步 M2.7 返回并停留在初始步 M0.0。

在单周期工作方式时，M0.7 一直处于 0 状态。当机械手在最后一步 M2.7 返回最左边时，左限位开关 I0.4 为 1 状态，转换条件 M0.7 常闭触点与 I0.4 满足，系统返回并停留在初始步。按一次启动按钮，系统只工作一个周期。

（3）单周期的工作过程

在单周期工作方式时，I2.2（单步）的常闭触点闭合，M0.6 的线圈通电，允许转换。当初始步为活动步时，按下启动按钮 I2.6，使 M2.0 线圈通电，系统进入下降步，Q0.0 为 1 状态，机械手下降，碰到下限位开关 I0.1 时，转换到夹紧 M2.1 步，使夹紧电磁阀 Q0.1 置位并保持。同时通电延时定时器 T37 开始定时，1 s 后定时时间到，工件被夹紧，转换条件 T37 满足，转换到步 M2.2，机械手上升。以后系统将这样一步一步地工作下去。当执行到左行步 M2.7，机械手左行返回到原点位置，左限位开关 I0.4 变为 1 状态时，因为连续工作标志 M0.7 为 0 状态，将返回初始步 M0.0，机械手停止运动。

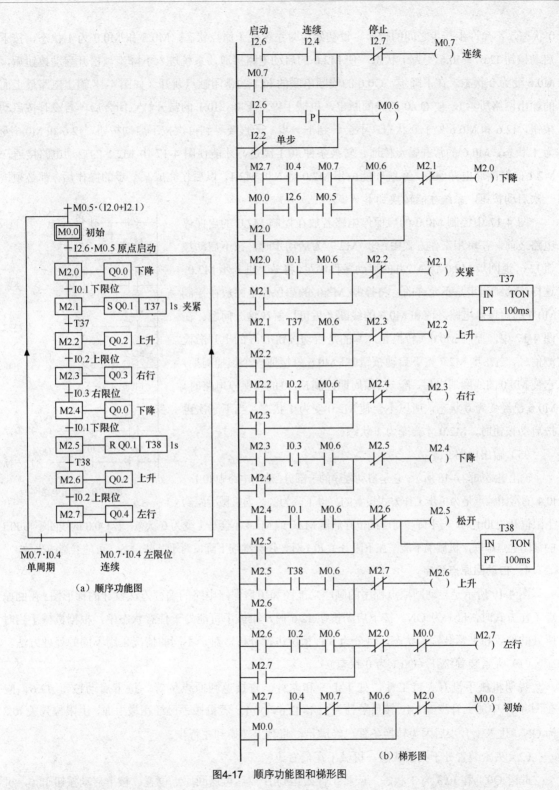

图4-17　顺序功能图和梯形图

（4）单步工作过程

在单步工作方式时，I2.2 为 1 状态，其常闭触点断开，允许转换位存储器 M0.6 在一般情况下为

0 状态，不允许步与步之间的转换。设初始步时系统处于原点状态，M0.5 和 M0.0 为 1 状态，按下启动按钮 I2.6，M0.6 变为 1 状态，使 M2.0 的启动电路接通，系统进入下降步。松开启动按钮后，M0.6 变为 0 状态。在下降步，Q0.0 的线圈串联的 I0.1 的常闭触点断开（如图 4-18 输出电路最上面的输出网络所示），使 Q0.0 的线圈断电，机械手停止下降。I0.1 的常开触点闭合后，若没有按启动按钮，I2.6 和 M0.6 处于 0 状态，不会转到下一步。一直要等到再次按下启动按钮，I2.6 和 M0.6 变为 1 状态，M0.6 的常开触点接通，转换条件 I0.1 满足，才能使图 4-17 中 M2.1 的启动电路接通，M2.1 的线圈通电并保持，系统才能由步 M2.0 进入步 M2.1。以后在完成某一步的操作后，都必须按一次启动按钮，系统才能转换到下一步。

图 4-17 中控制 M0.0 的启保停电路若放在控制 M2.0 的启保停电路之前，在单步工作方式中，步 M2.7 为活动步时，按下启动按钮 I2.6，返回步 M0.0 后，M2.0 的启动条件满足，将马上进入步 M2.0，这样连续跳两步是不允许的。将控制 M2.0 的启保停电路放在控制 M0.0 的启保停电路之前和 M0.6 的线圈之后可以解决这一问题。在图 4-17 中，控制 M0.6（转换允许）的是启动按钮 I2.6 的上升沿检测信号，当在步 M2.7 按下启动按钮时，M0.6 只接通一个扫描周期，它使 M0.0 的线圈通电后，下一扫描周期控制 M2.0 的启保停电路时，M0.6 已经变为 0 状态，所以不会使 M2.0 变为 1 状态。当下一次再按启动按钮时，M2.0 才会变为 1 状态。

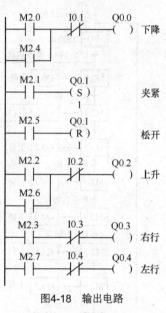

图4-18　输出电路

（5）输出电路

输出电路如图 4-18 所示。它是自动程序的一部分，输出电路中 I0.1～I0.4 的常闭触点是为单步工作方式设置的。以下降为例，当机械手碰到下限位开关 I0.1 后，与下降步对应的位存储器 M2.0 或 M2.4 不会马上变为 0 状态，若 Q0.0 的线圈不与 I0.1 的常闭触点串联，机械手不能停在下限开关 I0.1 处，还会继续下降，对于某些设备，可能会造成事故。

4. 自动回原点程序

图 4-19 所示是自动回原点程序的顺序功能图和用启保停电路的编程方法设计的梯形图。在回原点工作方式时，I2.1 为 ON。按下启动按钮 I2.6 时，机械手可能处于任意状态中，根据机械手当时所处的位置和夹紧装置的状态，可分为 3 种情况进行分析，对于不同的情况采用不同的处理方法。

（1）夹紧装置松开（Q0.1 为 0 状态）

说明机械手没有夹持工件，处于上升和左行，直接返回原点位置。按下启动按钮 I2.6，应在图 4-19 中的上升步 M1.4，转换条件为 $I2.1 \cdot I2.6 \cdot \overline{Q0.1}$。若机械手已经在最上面，上限位开关 I0.2 为 ON，进入上升步后因为转换条件已经满足，将马上转换到左行步。

（2）夹紧装置处于夹紧状态，机械手在最右边

此时 Q0.1 和 I0.3 为 1 状态，应将工件搬运到 B 点后再返回原点位置。按下启动按钮 I2.6，机械手应进入下降步 M1.2，转换条件 $I2.1 \cdot I2.6 \cdot Q0.1 \cdot I0.3$，首先执行下降和松开操作，释放工作后，再返回原点位置。

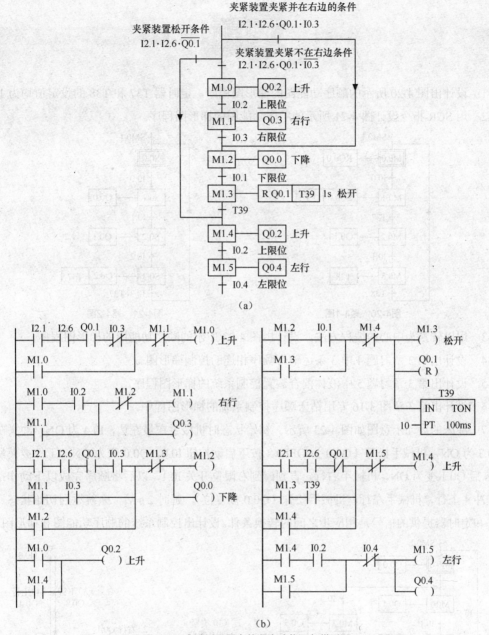

图4-19　自动返回原点的顺序功能图与梯形图

（3）夹紧装置处于夹紧状态，机械手不在最右边

此时 Q0.1 为 1 状态，右限位开关 I0.3 为 0 状态。按下启动按钮 I2.6 应进入步 M1.0，转换条件为 $I2.1 \cdot I2.6 \cdot Q0.1 \cdot \overline{I0.3}$，首先上行、右行、下降和松开工件，将工件搬运到 B 点后再返回到原点位置。

机械手返回原点后，原点条件满足，公用程序中的原点条件标志 M0.5 为 1 状态，因为此时 I2.1 为 ON，顺序功能图中的初始步 M0.0 在公用程序中被置位，为进入单周期、连续和单步工作方式做好了准备。因此可以认为自动程序的顺序功能图的初始步 M0.0 是步 M1.5 的后续步。

习题

4-1 设计出图 4-20 所示的顺序功能图的梯形图程序，定时器 T37 和 T38 的设定值均为 10 s。

4-2 用 SCR 指令设计图 4-21 所示的顺序功能图的梯形图程序。

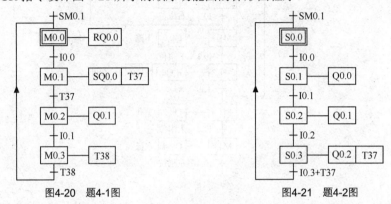

图4-20 题4-1图　　图4-21 题4-2图

4-3 用以转换为中心的编程方法，设计出图 4-22 所示的顺序功能图的梯形图程序。

4-4 设计出第 3 章习题 4 中 3 条运输带顺序相连的控制梯形图。

4-5 设计出第 3 章习题 5 中液体混合装置控制系统的梯形图程序。

4-6 设计出第 3 章图 3-16 专用钻床顺序控制系统的梯形图程序。

4-7 冲床的运动示意图如图 4-23 所示。初始状态时机械手在最左边，I0.4 为 ON；冲头在最上面，I0.3 为 ON，机械手松开（Q0.0 为 OFF）。按下启动按钮 I0.0，Q0.0 变为 ON，工件被夹紧并保持，2 s 后 Q0.1 变为 ON，机械手右行，直到碰到右限位开关 I0.1，以后将顺序完成以下动作：冲头下行，冲头上行，机械手左行，机械手松开（Q0.0 被复位），延时 2 s 后，系统返回初始状态。各限位开关和定时器提供的信号是相应步之间的转换条件。设计出控制系统的顺序功能图和梯形图程序。

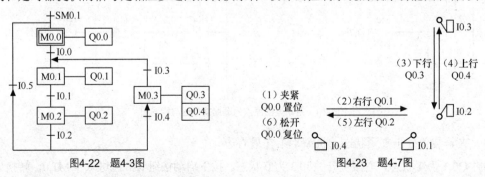

图4-22 题4-3图　　图4-23 题4-7图

实训课题 4　剪板机的控制

1. 控制要求

剪板机的控制要求详见 4.1.4 所述。

2．程序设计

根据剪板机的控制要求设计的梯形图如图 4-4 所示。

3．上机操作步骤

（1）启动 STEP 7-Micro/ WIN，将程序录入并下载到 PLC 主机中。

（2）使 PLC 进入运行状态。

（3）程序调试在运行状态下，用接在 PLC 输入端的各开关 I0.0～I0.4、I1.0 的通/断状态来观察 PLC 输出端 Q0.0～Q0.4 所对应的 LED 状态变化是否符合剪板机的控制要求。

Chapter

5

第5章

| PLC的功能指令及应用 |

功能指令与基本指令有所不同，功能指令不含表达梯形图符号间相互关系的成分，而是直接表达本功能指令的作用是什么，这使 PLC 的程序设计更加简单方便。

本章主要介绍一些常用的基本功能指令，如数据传送指令、比较指令、移位及循环指令、移位寄存器指令，译码、编码、段译码指令，数据表功能指令等。PLC 通过这些功能指令可方便地对生产设备的数据进行采集、分析和处理，进而实现对各种生产过程的自动控制。

| 5.1 数据传送指令及应用 |

数据传送指令有字节、字、双字和实数的单个传送指令，还有以字节、字、双字为单位的数据块的成组传送指令，其用来完成各存储器单元之间的数据传送。

5.1.1 字节、字、双字和实数的单个传送指令

单个传送指令一次完成一个字节、字、双字的传送。

1. 指令格式

单个传送指令的格式如表 5-1 所示。

表 5-1 单个传送指令格式

梯 形 图			语 句 表	功 能
MOV-B ─EN ENO─ ─IN OUT─	MOV-W ─EN ENO─ ─IN OUT─	MOV-DW ─EN ENO─ ─IN OUT─	MOV IN,OUT	IN=OUT

传送指令的操作功能：当使能输入端 EN 有效时，把一个输入 IN 单字节无符号数、单字长或双字长符号数送到 OUT 指定的存储器单元输出。

数据类型分别为字节、字、双字和实数。

操作数的寻址范围要与指令助记符中的数据长度一致。其中字节传送时不能寻址专用的字和双字存储器，如 T、C 及 HC 等，OUT 寻址不能寻址常数。

IN、OUT 操作数的寻址方式，参见附表 4。

2. 传送指令的应用

当使能输入有效（I0.0 为 ON）时，将变量存储器 VW10 中内容送到 VW20 中。梯形图及传送结果如图 5-1 所示。

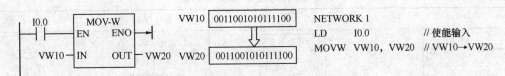

图5-1　传送指令的应用

5.1.2　字节、字、双字的块传送指令

数据块传送指令一次可完成 N 个数据的成组传送。指令类型有字节、字、双字 3 种。

1. 指令的格式

块传送指令的格式如表 5-2 所示。

表 5-2　　　　　　　　　　　块传送指令格式

梯　形　图			功　　能
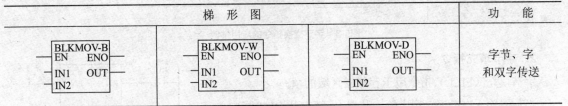			字节、字和双字传送

① 字节的数据块传送指令。当使能输入端有效时，把从输入 IN 字节开始的 N 个字节数据传送到以输出字节 OUT 开始的 N 个字节的存储区中。

② 字的数据块传送指令。当使能输入端有效时，把从输入 IN 字节开始的 N 个字的数据传送到以输出字 OUT 开始的 N 个字的存储区中。

③ 双字的数据块传送指令。当使能输入端有效时，把从输入 IN 双字开始的 N 个双字的数据传送到以输出双字 OUT 开始的 N 个双字的存储区中。

传送指令的数据类型，IN、OUT 操作数据类型为 B、W、DW；N（BYTE）的数据范围为 0～255。

2. 块传送指令的应用

当使能输入有效（I0.1 为 ON）时，将 VW0 开始的连续 3 个字传送到 VW10～VW12 中。梯形图及传送结果如图 5-2 所示。

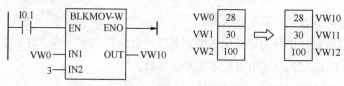

图5-2 块传送指令的应用

5.1.3 字节交换/填充指令

字节交换/填充指令格式见表 5-3。

表 5-3   字节交换/填充指令格式及功能

梯　形　图		语　句　表	功　能
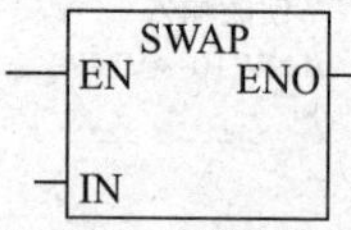 SWAP EN ENO IN	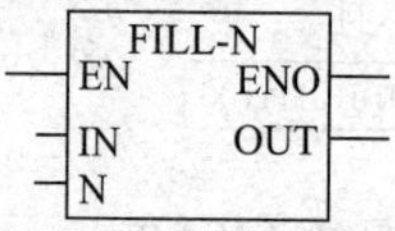 FILL-N EN ENO IN OUT N	SWAP IN FILL IN,OUT,N	字节交换 字填充

1. 字节交换指令

字节交换（SWAP）指令用来实现输入字的高字节与低字节的交换。

当使能输入有效时，用来实现输入字的高字节与低字节的交换。

字节交换指令的应用举例如图 5-3 所示。

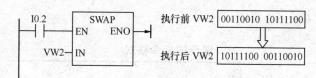

图5-3 字节交换指令的应用举例

2. 字节填充指令

字节填充（FILL）指令用于存储器区域的填充。

当使能输入有效时，用字输入数据 IN 填充从 OUT 指定单元开始的 N 个字存储单元。

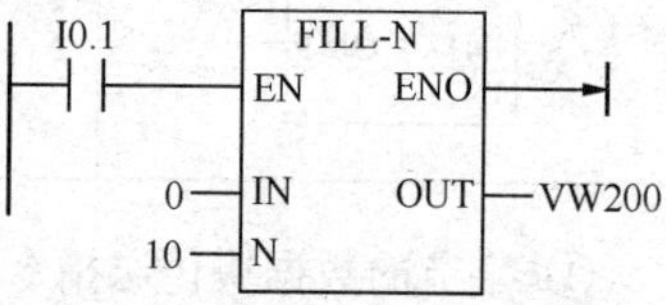

填充指令的应用举例如图 5-4 所示。

图5-4 填充指令的应用举例

当使能输入有效（I0.1 为 ON）时，将从 VW200 开始的 10 个字存储单元清零。

NETWORK 1

LD   I0.1   // 使能输入

FILL   +0,VW200,10   // 10 个字填充 0

执行的结果是从 VW200 开始的 20 个字节的存储单元清零。

5.1.4 传送指令的应用举例

1. 初始化程序的设计

存储器初始化程序是用于 PLC 开机运行时对某些存储器清零或设置的一种操作。常采用传送指令来编程。若开机运行时将 VB20 清零，将 VW20 设置为 200，则对应的梯形图程序如图 5-5 所示。

观察并调试此程序。

2. 多台电动机同时启动、停止的梯形图程序

设 4 台电动机分别由 Q0.1、Q0.2、Q0.3 和 Q0.4 控制，I0.1 为启动按钮，I0.2 为停止按钮。用传送指令设计的梯形图程序如图 5-6 所示。

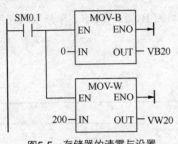

图5-5 存储器的清零与设置

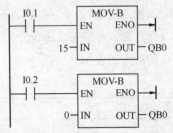

图5-6 多台电动机同时启动、停止控制梯形图

3. 预选时间的选择控制

某工厂生产的 2 种型号工件所需加热的时间为 40 s、60 s。使用 2 个开关来控制定时器的设定值，每一开关对应于一设定值；用启动按钮和接触器控制加热炉的通断。PLC I/O 地址分配如表 5-4 所示。

表 5-4   I/O 地址分配

输入信号	元件名称	输出信号	元件名称
I0.1	选择时间 1 40 s	Q0.0	加热炉接触器
I0.2	选择时间 2 60 s		
I0.3	加热炉启动按钮		

根据控制要求设计的梯形图程序如图 5-7 所示。

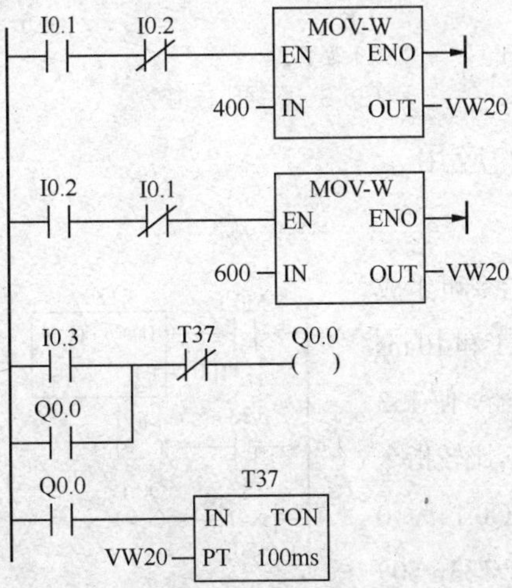

图5-7 预选时间的选择控制梯形图程序

5.2 数据比较指令及应用

5.2.1 数据比较指令

数据比较指令用来比较两个数 IN1 与 IN2 的大小，如图 5-8 所示。在梯形图中，满足比较关系给出的条件时，触点接通。"＜＞"表示不等于，触点中间的 B、I、D、R、S 分别表示字节、字、双字、实数（浮点数）和字符串比较。

比较指令的格式如表 5-5 所示。

表 5-5   比较指令的格式

梯 形 图	语 句 表	功 能
IN1 ─┤==B├─ IN2	LDB = IN1,　　IN2 AB = IN1,　　IN2 OB = IN1,　　IN2	操作数 IN1 和 IN2（整数）比较

表中给出了梯形图字节相等比较的符号，比较指令的其他比较关系和操作数类型说明如下。

比较运算符：=、<=、>=、>、<、<>。

字节比较指令用来比较两个无符号数字节 IN1 与 IN2 的大小；整数比较指令用来比较两个字 IN1 与 IN2 的大小，最高位为符号位，例如 16#7FFF＞16#8000（后者为负数）；双字整数比较指令用来比较两个双字 IN1 与 IN2 的大小，双字整数比较是有符号的，16#7FFFFFFF＞16#80000000（后者为负数）；实数比较指令用来比较两个实数 IN1 与 IN2 的大小，实数比较是有符号的。字符串比较指令比较两个字符串的 ASCII 码字符是否相等。

```
    IN1              IN1            VW1         VB0       Q0.0
  ─┤>=B├─          ─┤>=I├─        ─┤>=I├─────┤==B├─────( )
    IN2              IN2            VW3         VB3
  字节大于等于       整数大于等于

    IN1              IN1            LDW>=   VW1, VW3
  ─┤<=D├─          ─┤<>R├─         AB=     VB0, VB3
    IN2              IN2            =       Q0.0
  双字小于等于       实数不等于
```

图 5-8 数据比较指令

5.2.2 数据比较指令的应用

1. 自复位接通延时定时器

用接通延时定时器和比较指令可组成占空比可调的脉冲发生器。用 M0.1 和 10 ms 定时器 T33 组成了一个脉冲发生器，使 T33 的当前值按图 5-9 所示波形变化。比较指令用来产生脉冲宽度可调的方波，Q0.1 为 0 的时间取决于比较指令（LDW>=T33，50）中的第 2 个操作数的值。

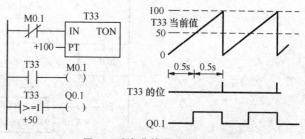

图 5-9 自复位接通延时定时器

2. 3台电动机的分时启动控制

当按下启动按钮 I0.1 时，3 台电动机每隔 5 s 分别依次启动；按下停止按钮 I0.2 时，3 台电动机 Q0.1、Q0.2 和 Q0.3 同时停止。对应梯形图程序如图 5-10 所示。

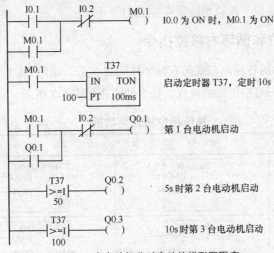

图5-10 3台电动机分时启动的梯形图程序

5.3 数据移位与循环指令及应用

移位指令分为左移位、右移位和循环左移位、右移位及移位寄存器指令。

5.3.1 数据左移位和右移位指令

移位指令格式如表 5-6 所示。

表 5-6　　　　　　　　　　　移位指令格式

梯　形　图			功　能
SHL-B　EN ENO　IN OUT　N	SHL-W　EN ENO　IN OUT　N	SHL-DW　EN ENO　IN OUT　N	字节、字、双字左移位
SHR-B　EN ENO　IN OUT　N	SHR-W　EN ENO　IN OUT　N	SHR-DW　EN ENO　IN OUT　N	字节、字、双字右移位

移位指令将 IN 中的数的各位向右或向左移动 N 位后，送给 OUT。移位指令对移出的位自动补 0。如果移位的位数 N 大于允许值（字节操作为 8，字操作为 16，双字操作为 32），应对 N 进行取模操作。所有的循环和移位指令中的 N 均为字节型数据。

如果移位次数大于 0，"溢出"存储器位 SM1.1 保存最后一次被移出的位的值。如果移出结果为 0，零标志位 SM1.0 被置 1。

1. 左移位（SHL）指令

当使能输入有效时，将输入的字节、字或双字 IN 左移 N 位后（右端补 0），将结果输出到 OUT

所指定的存储器单元中，最后一次移出位保存在 SM1.1 中。

2. 右移位（SHR）指令

当使能输入有效时，将输入的字节、字或双字 IN 右移 N 位后（左端补 0），将结果输出到 OUT 所指定的存储器单元中，最后一次移出位保存在 SM1.1 中。

5.3.2 循环左移位和循环右移位指令

循环移位指令将 IN 中的各位向左或向右循环移动 N 位后，送给 OUT。循环移位是环形的，即被移出来的位将返回到另一端空出来的位置。指令的格式如表 5-7 所示。

表 5-7   移位指令格式与功能

梯 形 图			功　能
ROL-B EN　ENO IN　OUT N	ROL-W EN　ENO IN　OUT N	ROL-DW EN　ENO IN　OUT N	字节、字、 双字循环 左移位
ROR-B EN　ENO IN　OUT N	ROR-W EN　ENO IN　OUT N	ROR-DW EN　ENO IN　OUT N	字节、字、 双字循环 右移位

1. 循环左移位（ROL）指令

当使能输入有效时，将输入的字节、字或双字 IN 数据循环左移 N 位后，将结果输出到 OUT 所指定的存储器单元中，并将最后一次移出位保存在 SM1.1 中。

2. 循环右移位（ROR）指令

当使能输入有效时，将输入的字节、字或双字 IN 数据循环右移 N 位后，将结果输出到 OUT 所指定的存储器单元中，并将最后一次移出位保存在 SM1.1 中。

如果移动的位数 N 大于允许值（字节操作为 8，字操作为 16，双字操作为 32），执行循环移位之前先对 N 进行取模操作。例如对于字移位，将 N 除以 16 后取余数，从而得到一个有效的移位次数。取模操作的结果对于字节操作是 0～7，对于字操作是 0～15，对于双字操作是 0～31。如果取模操作的结果为 0，不进行循环移位操作。

3. 移位指令的应用

当 I0.0 输入有效时，将 VB10 左移 4 位送到 VB10，将 VB0 循环右移 3 位送到 VB0，如图 5-11 所示。

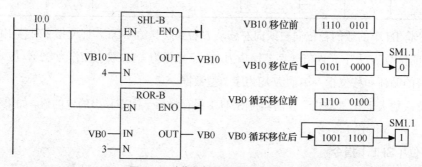

图5-11　移位与循环移位指令的应用

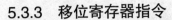

5.3.3　移位寄存器指令

移位寄存器指令是一个移位长度可指定的移位指令。

1．移位寄存器指令的格式

移位寄存器指令格式及功能如表 5-8 所示。

表 5-8　　　　　　　　　　　　移位寄存器指令格式及功能

梯　形　图	语　句　表	功　　能
SHRB EN　ENO I1.2－DATA M2.0－S-BIT 8－N	SHRB　I1.2,M2.0,8	移位寄存器

梯形图中 DATA 为数据输入，指令执行时将该位的值移入移位寄存器。S-BIT 为移位寄存器的最低位地址，字节型变量 N 指定移位寄存器的长度和移位方向，正向移位时 N 为正，反向移位时 N 为负。SHRB 指令移出的位被传送到溢出位（SM1.1）。

N 为正时，在使能输入 EN 的上升沿时，寄存器中的各位由低位向高位移一位，DATA 输入的二进制数从最低位移入，最高位被移到溢出位。N 为负时，从最高位移入，最低位移出。DATA 和 S-BIT 为 BOOL 变量。

移位寄存器提供了一种排列和控制产品流或者数据的简单方法。

2．移位寄存器指令的应用

移位寄存器指令的应用如图 5-12 所示。

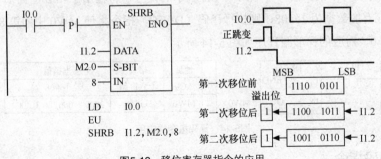

图5-12　移位寄存器指令的应用

5.3.4　数据移位指令的应用

8 只彩灯依次向左循环点亮控制。当按下启动按钮 I0.1，8 只彩灯从 Q0.0 开始每隔 1 s 依次向左循环点亮，直至按下停止按钮 I0.2 后熄灭。

根据控制要求设计的梯形图如图 5-13 所示，8 只彩灯为 Q0.0～Q0.7。

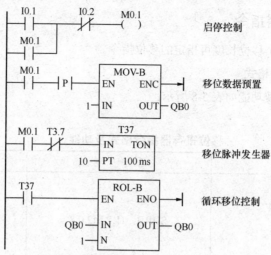

图5-13　8只彩灯依次向左循环点亮梯形图

5.4　译码、编码、段译码指令及应用

译码、编码、段译码指令格式如表 5-9 所示。

表 5-9　　　　　　　　译码、编码、段译码指令格式

梯 形 图			语 句 表	功　能
DECO EN　ENO IN　　OUT	ENCO EN　ENO IN　　OUT	SEG EN　ENO IN　　OUT	DECO IN,OUT ENCO IN,OUT SEG IN,OUT	译码 编码 段译码

5.4.1　译码指令

当使能输入有效时，根据输入字节的低 4 位表示的位号，将输出字相应位置 1，其他位置 0。

设 AC0 中存有的数据为 16#08，则执行译码（DECO）指令将使 MW0 中的第 8 位数据位置 1，而其他数据位置 0，对应的梯形图程序如图 5-14 所示。

	地址	格式	当前值
1	AC0	十六进制	16#08
2	MW0	二进制	2#0000 0001 0000 0000

图5-14　译码指令的应用

5.4.2　编码指令

编码（Encode, ENCO）指令将输入字的最低有效位（其值为 1）的位数写入输出字节的最低位。

设 AC1 中的错误信息为 2#0000 0010 0000 0000（第 9 位为 1），编码指令"ENCO AC2，VB40"将错误信息转换为 VB40 中的错误代码 9。编码指令的应用如图 5-15 所示。

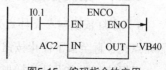

图5-15　编码指令的应用

5.4.3　段译码指令

段（Segment）译码指令 SEG 根据输入字节的低 4 位确定的十六进制数（16#0～16#F）产生点亮七段显示器各段的代码，并送到输出字节。

图 5-16 中七段显示器的 D0～D6 段分别对应于输出字节的最低位（第 0 位～第 6 位），某段应亮时输出字节中对应的位为 1，反之为 0。若显示数字"1"时，仅 D1 和 D2 为 1，其余位为 0，输出值为 6，或二进制数 2#0000 0110。

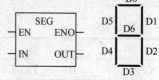

图5-16　段译码指令的应用

5.4.4　编码、译码及段译码指令的应用

1．程序设计

设 VB10 字节存有十进制数 8，当 I0.4 通电时依次进行译码、编码及段译码处理。其对应的程序及处理结果如图 5-17 所示。

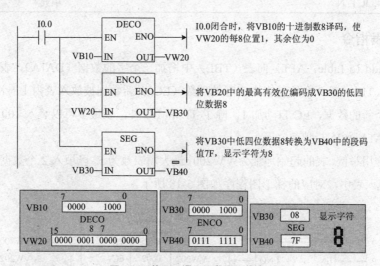

图5-17　编码、译码及段译码指令应用

2．上机操作及调试

（1）启动 STEP 7-Micro/ WIN，打开梯形图编辑器录入程序，打开数据块编辑器，输入 VB10 8，下载程序块及数据块，并使 PLC 进入运行状态。

（2）使 PLC 进入梯形图监控状态，观察 VB10、VB20、VB30 和 VB40 的值。

（3）打开状态图编辑器，输入 I0.0、VB10、VB20、VB30 和 VB40，进入状态图监控状态，强制 I0.0 通电，观察 VB20、VB30 和 VB40 中的值。

（4）打开计算机监控 PLC 模拟实验系统，通过监控界面观察七段数码管的显示字样。

5.5　数据表功能指令

表功能指令用来建立和存取字类型的数据表。数据表由 3 部分组成：表地址，由表的首地址指明；表定义，由表地址和第 2 个字地址所对应的单元分别存放的两个表参数来定义最大填表数和实际填表数；存储数据，从第 3 个字节地址开始存放数据，一个表最多能存储 100 个数据。

表功能指令如表 5-10 所示。

表 5-10　　　　　　　　　　　表功能指令

指　　令		描　　述
ATT	DATA, TABLE	填表
FIND=	TBL, PATRN,INDX	查表
FIND<>	TBL, PATRN,INDX	查表
FIND<	TBL,PATRN,INDX	查表
FIND>	TBL,PATRN,INDX	查表
FIFO	TABLE, DATA	先入先出
LIFO	TABLE, DATA	后入先出
FILL	IN,OUT, N	填充

5.5.1　填表指令

填表指令（Add To Table，ATT）向表（TBL）中增加一个字的数据（DATA），表内的第 1 个数是表的最大长度（TL），第 2 个数是表内实际的项数（EC）。新数据被放入表内上一次填入的数后。每向表内填入一个新的数据，EC 自动加 1。除了 TL 和 EC 外，表最多可以装入 100 个数据。TBL 为 WORD 型，DATA 为 INT 型。

填表指令的应用举例，表的起始地址为 VW200，最大填表数为 5，已填入 2 个数据。现将 VW100 中的数据 1 250 填入表中，对应的梯形图程序如图 5-18 所示。

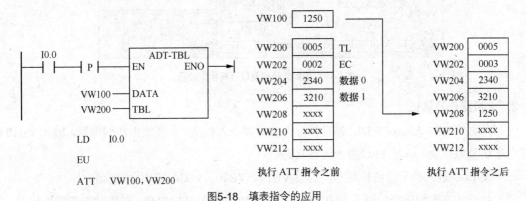

图5-18　填表指令的应用

使 ENO=0 的错误条件：SM4.3（运行时间），0006（间接地址），0091（操作数超限）。该指令影响 SM1.4，填入表的数据过多时，SM1.4 将被置 1。

5.5.2　查表指令

查表（Table Find）指令从指针 INDX 所指的地址开始查表 TBL，搜索与数据 PTN 的关系满足 CMD 定义的条件的数据。命令参数 CMD=1~4，分别代表 "=" "<>" "<" 和 ">"。若发现了一个符合条件的数据，则 INDX 指向该数据。要查找下一个符合条件的数据，再次启动查表指令之前，应先将 INDX 加 1。如果没有找到，INDX 的数值等于 EC。一个表最多有 100 个填表数据，数据的编号为 0～99。

TBL 和 INDX 为 WORD 型，PTN 为 INT 型，CMD 为字节型。

用 FIND 指令查找 ATT、LIFO 和 FIFO 指令生成的表时，实际填表数和输入的数据相对应。查表指令并不需要 ATT、LIFO 和 FIFO 指令中的最大填表数。因此，查表指令的 TBL 操作数应比 ATT、LIFO 或 FIFO 指令的 TBL 操作数高两个字节。

查表指令的应用如图 5-19 所示。当触点 I0.1 接通时，从 EC 地址为 VW202 的表中查找等于（CMD=1）16#2130 的数。为了从头开始查找，AC1 的初值为 0。查表指令执行后，AC1=2，找到了满足条件的数据 2。查表中剩余的数据之前，AC1（INDX）应加 1。第 2 次执行后，AC1=4，找到了满足条件的数据 4。将 AC1（INDX）再次加 1。第 3 次执行后，AC1 等于表中填入的项数 6（EC），表示表已查完，没有找到符合条件的数据。再次查表之前，应将 INDX 清零。

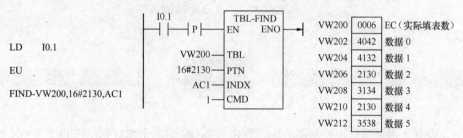

图5-19　查表指令的应用

5.5.3　先入先出指令

先入先出（First In First Out，FIFO）指令从表中移走最先放进的第 1 个数据（数据 0），并将它送入 DATA 指定的地址，表中剩下的各项依次向上移动一个位置。每次执行此指令，表中的项数 EC 减 1。TBL 为 INT 型，DATA 为 WORD 型。先入先出指令的应用如图 5-20 所示。

使 ENO=0 的错误条件有 SM1.5（空表），SM4.3（运行时间），0006（间接地址），0091（操作数超出范围）。如果试图从空表中移走数据，特殊存储器位 SM1.5 将被置为 1。

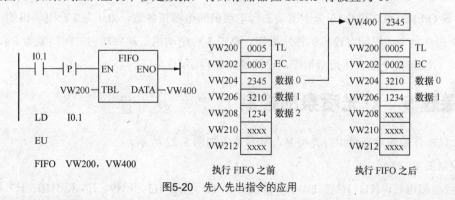

图5-20　先入先出指令的应用

5.5.4　后入先出指令

后入先出（Last In First Out，LIFO）指令从表中移走最后放进的数据，并将它送入 DATA 指定

的位置，剩下的各项依次向上移动一个位置。每次执行此指令，表中的项数减 1。TBL 为 INT 型，DATA 为 WORD 型。后入先出指令的应用如图 5-21 所示。该指令使 ENO=0 的错误条件和受影响的特殊存储器位同 FIFO 指令。

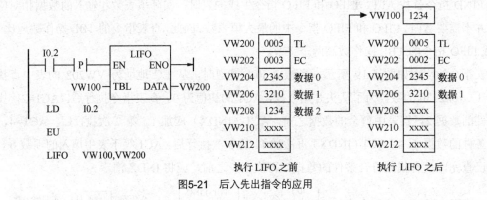

图5-21   后入先出指令的应用

5-1   设有 8 盏装饰灯，控制要求是：当 I0.1 为 ON 时，全部灯亮；当 I0.2 为 ON 时，1～4 盏灯亮；当 I0.3 为 ON 时，5～8 盏灯亮；当 I0.4 为 ON 时，全部灯灭。试用数据传送指令编写其控制程序。

5-2   用 I1.0 控制在 Q0.0～Q0.7 上的 8 个彩灯循环移位，用 T38 定时，每 1 s 移 1 位，首次扫描时给 Q0.0～Q0.7 置初值，用 I1.1 控制彩灯移位的方向，设计出梯形图程序。

5-3   应用跳转指令设计一个既能点动又能自锁的电动机控制程序。当 I0.0 接通时，电动机实现点动控制；当 I0.0 断开时，实现电动机自锁控制。

5-4   编写本学校（单位）作息时间控制程序。

5-5   设 Q0.1、Q0.2 和 Q0.3 分别驱动 3 台电动机的电源接触器，I0.0 为 3 台电动机的依次启动按钮，I0.1 为 3 台电动机同时停机的停止按钮，要求 3 台电动机依次启动的时间间隔为 5 s，试采用定时器指令、比较指令配合计数器指令，设计梯形图程序。

实训课题 5   灯光喷泉的控制

用 12 只彩灯轮流点亮模拟灯光喷泉，其示意图如图 5-22 所示。

1. 控制要求

按下启动按钮后，H1、H2、H3、H4 依次点亮 1s，接着 H5 和 H9、H6 和 H10、H7 和 H11、H8 和 H12 依次点亮 1s，然后再从 H1 开始点亮，不断循环下去，直至按下停止按钮。

PLC I/O 分配如表 5-11 所示。

表 5-11   灯光喷泉 PLC 控制 I/O 分配表

地址	名称	地址	名称
I0.1	启动按钮	Q0.3	H4
I0.2	停止按钮	Q0.4	H5、H9
Q0.0	H1	Q0.5	H6、H10
Q0.1	H2	Q0.6	H7、H11
Q0.2	H3	Q0.7	H8、H112

2. 程序设计

根据喷泉控制要求，采用移位寄存器指令来实现控制。其设计的梯形图如图 5-23 所示。由图可知，移位寄存器的使能输入端 EN 接 T37 的常开触点，移位寄存器的数据输入端接 M0.2，移位寄存器由 Q0.0～Q0.7 组成。

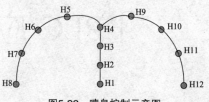

图5-22   喷泉控制示意图

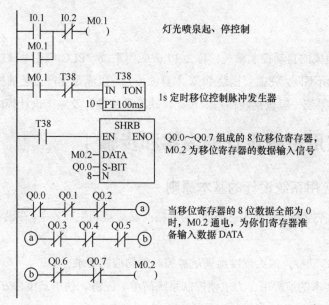

图5-23   灯光喷泉控制梯形图

3. 上机操作步骤

（1）启动 STEP 7-Micro/ WIN，将程序录入并下载到 PLC 主机中。

（2）使 PLC 进入运行状态。

（3）程序调试。在运行状态下，用接在 PLC 输入端的各开关 I0.0、I0.1 的通/断状态来观察 PLC 输出端 Q0.0～Q0.7 所对应的 LED 状态变化是否符合灯光喷泉的控制要求。

Chapter

6

第6章

| PLC 应用系统的设计 |

以 PLC 为核心组成的自动控制系统，称为 PLC 应用系统。PLC 应用系统的设计同其他形式自动控制系统的设计有所不同，它需要围绕 PLC 本身的特点，以满足生产工艺的控制要求为目的开展设计工作。PLC 应用系统一般包括硬件系统设计、软件系统设计及施工设计等内容。

6.1 PLC 应用系统设计的内容和步骤

6.1.1 PLC 应用系统设计的基本原则

为了实现生产设备控制要求和工艺需要，为提高产品质量和生产效率，在设计 PLC 应用系统时，应遵循以下基本原则。

① 充分发挥 PLC 功能，最大限度地满足被控对象的控制要求。

② 在满足控制要求的前提下，力求使控制系统简单、经济、使用及维修方便。

③ 保证控制系统安全可靠。

④ 应考虑生产的发展和工艺的改进，在选择 PLC 的型号、I/O 点数和存储器容量等内容时，应留有适当的余量。

6.1.2 PLC 应用系统设计的一般步骤

设计 PLC 应用系统时，要根据被控对象的功能和工艺要求，明确系统必须要做的工作和必备的条件，然后再进行 PLC 应用系统的功能分析，提出 PLC 控制系统的结构形式，控制信号的种类、数量，系统的规模、布局。最后根据系统分析的结果，具体的确定 PLC 的机型和系统的具体配置。PLC 控制系统设计流程图如图 6-1 所示。

1. 熟悉被控对象，制定控制方案

分析被控对象的工艺过程及工作特点，了解被控对象机、电、液之间的配合，确定被控对象对 PLC 控制系统的控制要求。

2. 确定 I/O 设备

根据系统的控制要求，确定用户所需的输入（如按钮、行程开关、选择开关等）和输出设备（如接触器、电磁阀、信号指示灯等），由此确定 PLC 的 I/O 点数。

3. 选择 PLC

选择时主要考虑 PLC 机型、容量、I/O 模块、电源的选择。

4. 分配 PLC 的 I/O 地址

根据生产设备现场需要，确定控制按钮、选择开关、接触器、电磁阀、信号指示灯等各种输入/输出设备的型号、规格、数量；根据所选的 PLC 的型

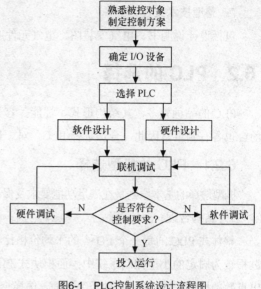

图6-1　PLC控制系统设计流程图

号，列出输入/输出设备与 PLC 输入/输出端子的对照表，以便绘制 PLC 外部 I/O 接线图和编写程序。

5. 设计软件及硬件

设计包括 PLC 程序设计，控制柜（台）等硬件的设计及现场施工。由于 PLC 软件程序设计与硬件设计可同时进行，因此 PLC 控制系统的设计周期可大大缩短，而对于继电器系统必须先设计出全部的电气控制线路后才能进行施工设计。

PLC 软件程序设计的一般步骤如下所述。

① 软件程序设计包括主程序、子程序、中断程序等，小型数字量控制系统一般只有主程序。对于较复杂系统，应先绘制出系统功能图，对于简单的控制系统也可省去这一步。

② 根据系统功能图设计梯形图程序。

③ 根据梯形图编写语句表程序。

④ 对程序进行模拟调试及修改，直到满足控制要求为止。调试过程中，可采用分段调试的方法，并利用编程器或编程软件的监控功能。

硬件设计及现场施工的步骤如下所述。

① 设计控制柜及操作面板电器布置图及安装接线图。

② 控制系统各部分的电气互连图。

③ 根据图样进行现场接线，并检查。

6. 联机调试

联机调试是指将模拟调试通过的程序进行在线调试。开始时，先带上输出设备（接触器线圈、信号指示灯等），不带负载进行调试。利用 PLC 的监控功能，采用分段调试的方法进行。各部分调试正常后，再带上实际负载运行。如不符合要求，则对硬件和程序作调整。通常只需修改部分程序即可。

全部调试完毕后，投入运行。经过一段时间运行，如果工作正常、程序不需要修改，应将程序固化到 EPROM 中，以防程序丢失。

7. 整理技术文件

包括设计说明书、电气安装图、电气元件明细表及使用说明书等。

6.2 PLC 的选择

PLC 的品种繁多，其结构形式、性能、容量、指令系统、编程方式、价格等各不相同，适用的场合也各有侧重。因此，合理选择 PLC，对于提高 PLC 控制系统技术经济指标有着重要意义。

6.2.1 PLC 的机型选择

机型选择的基本原则是在满足功能要求及保证可靠、维护方便的前提下，力争最佳的性能价格比。

1. 结构合理

整体式 PLC 的每一个 I/O 点的平均价格比模块式的便宜，且体积相对较小，一般用于系统工艺过程较为固定的小型控制系统中；而模块式 PLC 的功能扩展灵活方便，I/O 点数量、输入点数与输出点数的比例、I/O 模块的种类等方面，选择余地较大，维修、故障判断很方便。因此，模块式 PLC 一般适用于较复杂系统和环境较差（维修量大）的场合。

2. 安装方式

根据 PLC 的安装方式，系统分为集中式、远程 I/O 式和多台 PLC 连网的分布式。集中式不需要设置驱动远程 I/O 硬件，系统反应快、成本低。大型系统经常采用远程 I/O 式，因为它们的装置分布范围很广，远程 I/O 可以分散安装在 I/O 装置附近，I/O 连线比集中式的短，但需要增设驱动器和远程 I/O 电源。多台连网的分布式适用于多台设备分别独立控制，又要相互联系的场合，可以选用小型 PLC，但必须要附加通信模块。

3. 功能合理

一般小型（低档）PLC 具有逻辑运算、定时、计数等功能，对于只需要开关量控制的设备都可满足。

对于以开关量控制为主，带少量模拟量控制的系统，可选用能带 A/D 和 D/A 单元、具有加减算术运算、数据传送功能的增强型低档 PLC。

对于控制较复杂，要求实现 PID 运算、闭环控制、通信连网等功能，可视控制规模大小及复杂程度，选用中档或高档 PLC。但是中、高档 PLC 价格较贵，一般大型机主要用于大规模过程控制和集散控制系统等场合。

4. 系统可靠性的要求

对于一般系统 PLC 的可靠性均能满足。对可靠性要求很高的系统，应考虑是否采用冗余控制系统或热备用系统。

5. 机型统一

一个企业，应尽量做到 PLC 的机型统一。同一机型的 PLC，其编程方法相同，有利于技术力量的培训和技术水平的提高；其模块可互为备用，便于备品备件的采购和管理；其外围设备通用，资源可共享，易于连网通信，配以上位计算机后易于形成 1 个多级分布式控制系统。

6.2.2　PLC 的容量选择

PLC 的容量包括 I/O 点数和用户存储容量两个方面。

1. I/O 点数

PLC 的 I/O 点的价格还比较高，因此应该合理选用 PLC 的 I/O 点的数量，在满足控制要求的前提下力争使 I/O 点最少，但必须留有一定的备用量。

通常 I/O 点数是根据被控对象的输入、输出信号的实际需要，再加上 10%～15%的备用量来确定。

2. 用户存储容量

用户存储容量是指 PLC 用于存储用户程序的存储器容量。需要的用户存储容量的大小由用户程序的长短决定。

一般可按下式估算，再按实际需要留适当的余量（20%～30%）来选择。

$$存储容量 = 开关量 I/O 点总数 \times 10 + 模拟量通道数 \times 100$$

绝大部分 PLC 均能满足上式要求。应当要注意的是，当控制系统较复杂、数据处理量较大时，可能会出现存储容量不够的问题，这时应特殊对待。

6.2.3　I/O 模块的选择

1. 开关量输入模块的选择

PLC 的输入模块是用来检测接收现场输入设备的信号，并将输入的信号转换为 PLC 内部接收的低电压信号。

（1）输入信号的类型及电压等级的选择

常用的开关量输入模块的信号类型有 3 种：直流输入、交流输入和交流/直流输入。选择时一般根据现场输入信号及周围环境来考虑。

交流输入模块接触可靠，适合于有油雾、粉尘的恶劣环境下使用；直流输入模块的延迟时间较短，还可以直接与接近开关、光电开关等电子输入设备连接。

PLC 的开关量输入模块按输入信号的电压大小分类有：直流 5 V、24 V、48 V、60 V 等；交流 110 V、220 V 等。选择时应根据现场输入设备与输入模块之间的距离来考虑。

一般 5 V、12 V、24 V 用于传输距离较近场合。如 5 V 的输入模块最远不得超过 10 m 距离，较远的应选用电压等级较高的模块。

（2）输入接线方式选择

按输入电路接线方式的不同，开关量输入模块可分为汇点式输入和分组式输入两种，如图 6-2 所示。

对于选用高密度的输入模块（如 32 点、48 点等），应考虑该模块同时接通的点数一般不要超过输入点数的 60%。

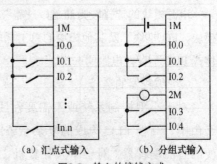

（a）汇点式输入　　（b）分组式输入

图6-2　输入的接线方式

2. 开关量输出模块的选择

输出模块是将 PLC 内部低电压信号转换为外部输出设备所需的驱动信号。选择时主要应考虑负载电压的种类和大小、系统对延迟时间的要求、负载状态变化是否频繁等。

（1）输出方式的选择

开关量输出模块有 3 种输出方式：继电器输出、晶闸管输出和晶体管输出。

继电器输出的价格便宜，既可以用于驱动交流负载，又可用于驱动直流负载，而且适用的电压大小范围较宽、导通压降小，同时承受瞬时过电压和过电流的能力较强。但它属于有触点元件，其动作速度较慢、寿命短，可靠性较差，因此只能适用于不频繁通断的场合。当用于驱动感性负载时，其触点动作频率不超过 1 Hz。

对于频繁通断的负载，应该选用双向晶闸管输出或晶体管输出，它们属于无触点元件。但双向晶闸管输出只能用于交流负载，而晶体管输出只能用于直流负载。

（2）输出接线方式的选择

按 PLC 的输出接线方式的不同，一般有分组式输出和分隔式输出两种，如图 6-3 所示。

分组式输出是几个输出点为一组，共用一个公共端，各组之间是分隔的，可分别使用不同的电源。而分隔式输出的每一个输出点有一个公共端，各输出点之间相互隔离，每个输出点可使用不同的电源。主要应根据系统负载的电源种类的多少而定。一般整体式 PLC 既有分组式输出，也有分隔式输出。

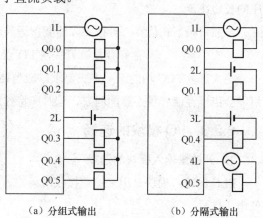

（a）分组式输出 　　（b）分隔式输出

图6-3　输出的接线方式

（3）输出电流的选择

输出模块的输出电流（驱动能力）必须大于负载的额定电流。

选择输出模块时，还应考虑能同时接通的输出点数量。同时接通输出的累计电流值必须小于公共端所允许通过的电流值。一般来说，同时接通的点数不要超出同一公共端输出点数的 60%。

3. 电源模块及编程器的选择

（1）电源模块的选择

电源模块的选择较为简单，只需考虑电源的额定输出电流。电源模块的额定电流必须大于 CPU 模块、I/O 模块、及其他模块的总消耗电流。电源模块选择仅对于模块式结构的 PLC 而言，对于整体式 PLC 不存在电源的选择。

（2）编程器的选择

对于小型控制系统或不需要在线编程的 PLC 系统，一般选用价格便宜的简易编程器。对于由中、高档 PLC 构成的复杂系统或需要在线编程的 PLC 系统，可以选配功能强、编程方便的智能编程器。对于个人计算机，选用 PLC 的编程软件包，在个人计算机上实现编程器的功能。

6.3　节省 PLC 输入/输出点数的方法

PLC 在实际应用中经常会碰到两个问题：一是 PLC 的输入或输出点数不够，需要扩展，若增加扩展单元将会提高成本；二是选定的 PLC 可扩展输入或输出点数有限，无法再增加。因此，在满足系统控制要求的前提下，合理使用 I/O 点数，尽量减少所需的 I/O 点数是很有意义的，不仅可以降低系统硬件成本，还可以解决已使用的 PLC 进行再扩展时 I/O 点数不够的问题。

6.3.1　减少输入点数的方法

从表面上看，PLC 的输入点数是按系统的输入设备或输入信号的数量来确定。但实际应用中，经常通过以下方法，达到减少 PLC 输入点数的目的。

1.　分时分组输入

一般控制系统都存在多种工作方式，但各种工作方式又不可能同时运行。所以可将这几种工作方式分别使用的输入信号分成若干组，PLC 运行时只会用到其中的一组信号。因此，各组输入可共用 PLC 的输入点，这样就使所需的 PLC 输入点数减少。

图 6-4 所示的系统有自动和手动两种工作方式。将这两种工作方式分别使用的输入信号分成两组：自动输入信号 S1～S8、手动输入信号 B1～B8。两组输入信号共用 PLC 输入点 I0.0～I0.7（如 S1 与 B1 共用 PLC 输入点 I0.0）。用"工作方式"选择开关 SA 来切换自动和手动信号输入电路，并通过 I0.0 让 PLC 识别是自动信号，还是手动信号，从而执行自动程序或手动程序。

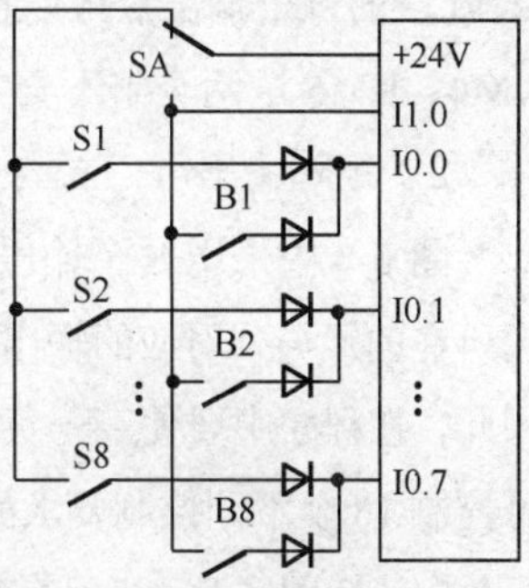

图 6-2 中的二极管是为了防止出现寄生电路，产生错误输入信号

图6-4　分时分组输入

而设置的。假设图中没有这些二极管，当系统处于自动状态，若 B1、B2、S1 闭合，S2 断开，这时电流从 L+端子流出，经 S1、B1、B2 形成寄生回路流入 I0.1 端子，使输入继电器 I0.1 错误地接通。因此，必须串入二极管切断寄生回路，避免错误输入信号的产生。

2.　输入触点的合并

将某些功能相同的开关量输入设备合并输入。如果是常闭触点则串联输入，如果是常开触点则并联输入。这样就只占用 PLC 的一个输入点。一些保护电路和报警电路就常常采用这种输入方法。

例如，某负载可在多处启动和停止，可以将 3 个启动信号并联，将 3 个停止信号串联，分别送给 PLC 的两个输入点，如图 6-5 所示。与每一个启动信号和停止信号占用一个输入点的方法相比，不仅节省了输入点，还简化了梯形图电路。

3.　将信号设置在 PLC 之外

系统中的某些输入信号功能简单、涉及面很窄，如手动操作按钮、电动机过载保护的热继电器触点等，有时就没有必要作为 PLC 输入，将它们放在外部电路中同样可以满足要求，如图 6-6 所示。

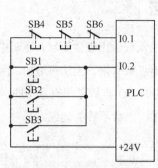

图6-5　输入触点合并

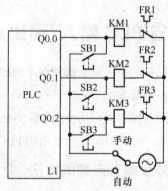

图6-6　输入信号设在PLC外部

6.3.2　减少输出点数的方法

1. 分组输出

当两组负载不会同时工作时，可通过外部转换开关或通过受 PLC 控制的电器触点进行切换，这样 PLC 的每个输出点可以控制两个不同时工作的负载，如图 6-7 所示。KM1、KM3、KM5，KM2、KM4、KM6 这两个组不会同时接通，可用外部转换开关 SA 进行切换。

2. 矩阵输出

图 6-8 中采用 8 个输出组成 4×4 矩阵，可接 16 个输出设备。要使某个负载接通工作，只要控制它所在的行与列对应的输出继电器接通即可。要使负载 KM1 得电，必须控制 Q0.0 和 Q0.4 输出接通。因此，在程序中要使某一负载工作均要使其对应的行与列输出继电器都要接通。这样用 8 个输出点就可控制 16 个不同控制要求的负载。

应该特别注意：当只有某一行对应的输出继电器接通，各列对应的输出继电器才可任意接通；或者当只有某一列对应的输出继电器接通，各行对应的输出继电器才可任意接通。否则将会出现错误接通负载。因此，采用矩阵输出时，必须要将同一时间段接通的负载安排在同一行或同一列中，否则无法控制。

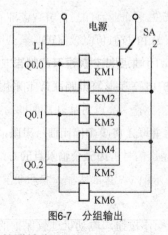

图6-7　分组输出

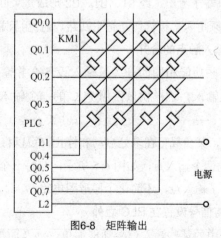

图6-8　矩阵输出

3. 并联输出

两个通断状态完全相同的负载，可并联后共用 PLC 的一个输出点，但要注意当 PLC 输出点同时驱动多个负载时，应考虑 PLC 输出点驱动能力是否足够。

4. 负载多功能化

一个负载实现多种用途。例如在传统的继电器电路中，一个指示灯只指示一种状态。而在 PLC 系统中，利用 PLC 编程功能，很容易实现用一个输出点控制指示灯的常亮和闪烁，这样一个指示灯就可表示两种不同的信息，从而节省了输出点数。

5. 某些输出设备可不进 PLC

系统中某些相对独立、比较简单的部分可考虑直接用继电器电路控制。

以上只是一些常用的减少 PLC 输入/输出点数的方法，仅供参考。

6.4　PLC 应用中的若干问题

6.4.1　对 PLC 的某些输入信号的处理

① 若 PLC 输入设备采用两线式传感器（如接近开关等）时，其漏电流较大，可能会出现错误的输入信号。为了避免这种现象，可在输入端并联旁路电阻 R，如图 6-9 所示。

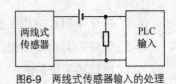

图6-9　两线式传感器输入的处理

② 若 PLC 输入信号由晶体管提供，则要求晶体管的截止电阻应大于 $10\,\text{k}\Omega$，导通电阻应小于 $800\,\Omega$。

6.4.2　PLC 的安全保护

1. 短路保护

当 PLC 输出控制的负载短路时，为了避免 PLC 内部的输出元件损坏，应该在 PLC 输出的负载回路中加装熔断器，进行短路保护。

2. 感性输入/输出的处理

PLC 的输入端和输出端常常接有感性元件。如果是直流感性元件，应在其两端并联续流二极管；如果是交流元件，应在其两端并联阻容电路，从而抑制电路断开时产生的电弧对 PLC 内部输入、输出元件的影响，如图 6-10 所示。图中的电阻值可取 $50\sim120\,\Omega$；电容值可取 $0.1\sim0.47\,\mu\text{F}$，电容的额定电压应大于电源的峰值电压；续流二极管可选用额定电流为 1 A、额定电压大于电源电压的 3 倍。

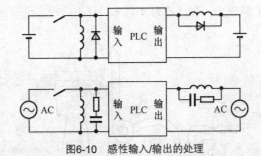

图6-10　感性输入/输出的处理

3. PLC 系统的接地要求

良好的接地是 PLC 安全可靠运行的重要条件。PLC 一般最好单独接地，与其他设备分别使用各自的接地装置，如图 6-11（a）所示；也可以采用公共接地，如图 6-11（b）所示；但禁止使用图 6-11（c）所示的串联接地方式。另外，PLC 的接地线应尽量短，使接地点尽量靠近 PLC，同时，接地线的截面应大于 2 mm²。

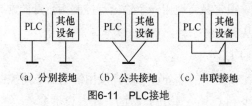

（a）分别接地   （b）公共接地   （c）串联接地

图6-11   PLC接地

6-1   在设计 PLC 应用系统时，应遵循的基本原则是什么？

6-2   说明 PLC 应用系统设计的步骤有哪些？

6-3   PLC 的选择主要包括哪几方面？

6-4   PLC 输入/输出有哪几种接线方式？为什么？

6-5   开关量交流输入单元与直流输入单元各有什么特点？它们分别适用于什么场合？

6-6   若 PLC 的输入端或输出端接有感性元件，应采取什么措施来保证 PLC 的可靠运行？

Chapter

7

第7章

PLC 在逻辑控制系统中的应用实例

PLC 具有可靠性高和应用简便的优点,所以在国内外迅速普及和应用。复杂设备的电气控制柜正在被 PLC 所占领,PLC 从替代继电器的局部范围进入到过程控制、位置控制、通信网络等领域。

本章结合典型的实例来介绍 PLC 在逻辑控制系统中的应用。

7.1 PLC 在工业自动生产线中的应用

7.1.1 输送机分拣大小球的 PLC 控制装置

1. 控制要求

图 7-1 所示为分拣大、小球的自动装置的示意图,其工作过程如下。

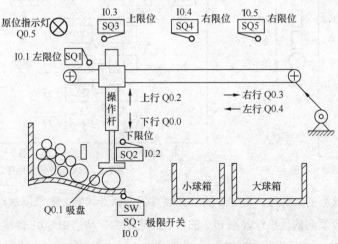

图7-1 大、小球自动分拣装置示意图

① 当输送机处于起始位置时，上限位开关 SQ3 和左限位开关 SQ1 被压下，极限开关 SQ 断开。

② 启动装置后，操作杆下行，一直到 SQ 闭合。此时，若碰到的是大球，则 SQ2 仍为断开状态，若碰到的是小球则 SQ2 为闭合状态。

③ 接通控制吸盘的电磁阀线圈 Q0.1。

④ 假设吸盘吸起的是小球，则操作杆向上行，碰到 SQ3 后，操作杆向右行，碰到右限位开关 SQ4（小球的右限位开关）后，再向下行，碰到 SQ2 后，将小球释放到小球箱里，然后返回到原位。

⑤ 如果启动装置后，操作杆下行一直到 SQ 闭合后，SQ2 仍为断开状态，则吸盘吸起的是大球，操作杆右行碰到右限位开关 SQ5（大球的右限位开关）后，将大球释放到大球箱里，然后返回到原位。

2. I/O 元件地址分配

I/O 地址分配图如图 7-2 所示，采用 S7-200 系列 PLC 实现控制。

3. 设计顺序功能图

自动分拣顺序控制功能图如图 7-3 所示。分拣装置自动控制过程如下：图中 SM0.1 产生初始脉冲，使顺序继电器 S0.1～S1.3 均复位，再将初始顺序继电器 S0.0 置位，此时操作杆在最上端，I0.3 接通，最左端 I0.1 接通，并且吸盘控制线圈 Q0.1 断开，状态由 S0.0 转移到 S0.1，Q0.0 通电使操作杆向下移动，直至极限开关 SQ（I0.0）闭合，进入选择序列的 2 个分支电路。

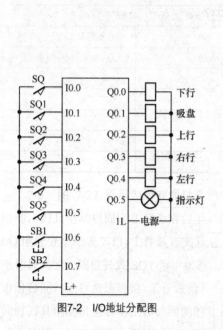

图7-2　I/O 地址分配图

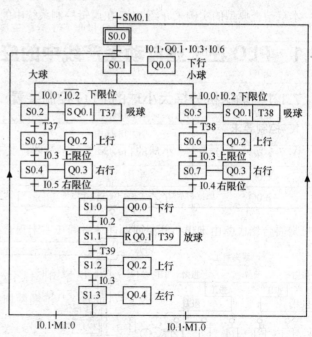

图7-3　自动分拣控制顺序功能图

此时如果吸盘吸起的是大球，则 I0.2 的常开触点仍为断开状态，而常闭触点闭合，状态由 S0.1 转移到 S0.2；若吸盘吸起的是小球，则 I0.2 的常开触点闭合，状态由 S0.1 转移到 S0.5。

当状态转移到 S0.2 后，吸盘电磁阀 Q0.1 被置位，Q0.1 通电吸起大球，同时定时器 T37 开始延时；延时 1 s 后，状态转移到 S0.3，使上行继电器 Q0.2 通电，操作杆上行，直到压下上限位开关 I0.3，状态转移到 S0.4；右行继电器 Q0.3 通电，使操作杆右行，直到压下右限位开关 I0.5，状态转移到 S1.0；下行继电器 Q0.0 通电，操作杆下行，直到压下下限位开关 I0.2，状态转移到 S1.1，使得电磁阀 Q0.1 复位，将大球释放在大球箱内，其动作时间由 T39 控制；延时 1 s 后，状态转移到 S1.2，使得电磁阀 Q0.2 通电，使操作杆上行，压下 I0.3 后，状态转移到 S1.3；左行继电器 Q0.4 通电，操作杆左行，左行到位压下左限位开关 I0.1 后，又开始下一次的操作循环。当按下停止按钮 I0.7 时，当前工作周期的工作结束后，才停止操作，操作杆返回到初始状态 S0.0。系统中小球的检出过程和大球的检出过程相同。

4. 设计梯形图程序

大、小球分拣控制系统的梯形图程序如图 7-4 所示。

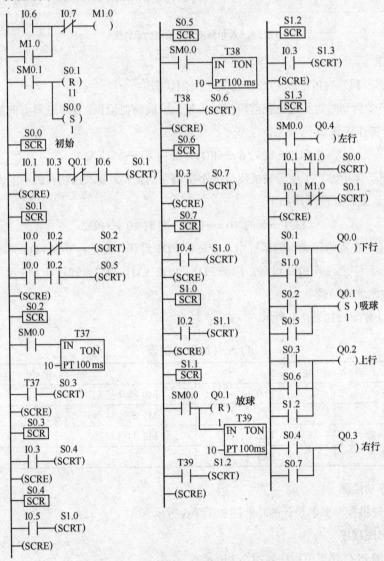

图7-4　大、小球分拣控制系统的梯形图程序

7.1.2　PLC 在皮带运输机控制系统中的应用

皮带运输机广泛应用于机械、化工、冶金、煤矿和建材等工业生产中。图 7-5 所示为某原材料皮带运输机的示意图。原材料从料斗经过 PD1、PD2 两台皮带运输机送出，由电磁阀 M0 控制从料斗向 PD1 供料，PD1、PD2 分别由电动机 M1 和 M2 控制。

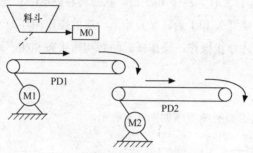

图7-5　原材料皮带运输机的示意图

1. 控制要求

① 初始状态，料斗、PD1 和 PD2 全部处于关闭状态。

② 启动操作，启动时为了避免在前段运输皮带上造成物料堆积，要求逆料方向按一定的时间间隔顺序启动。其操作步骤如下：

$$PD2 \rightarrow 延时\ 6\ s \rightarrow PD1 \rightarrow 延时\ 6\ s \rightarrow 料斗\ M0$$

③ 停止操作，停止时为了使运输机皮带上不留剩余的物料，要求顺物料流动的方向按一定的时间间隔顺序停止。其停止的顺序如下：

$$料斗 \rightarrow 延时\ 10\ s \rightarrow PD1 \rightarrow 延时\ 10\ s \rightarrow PD2$$

④ 故障停止，在皮带运输机的运行中，若皮带 PD1 过载，应把料斗和 PD1 同时关闭，PD2 应在 PD1 停止 10 s 后停止。若 PD2 过载，应把 PD1、PD2（M1、M2）和料斗 M0 都关闭。

2. I/O 元件地址分配表

I/O 元件地址分配表如表 7-1 所示。

表 7-1　　　　　　　　　　　I/O 元件地址分配表

输　入　地　址		输　出　地　址	
启动按钮	I0.0	M0 料斗控制	Q0.0
停止按钮	I0.1	M1 的接触器	Q0.1
M1 的热继电器	I0.2	M2 的接触器	Q0.2
M2 的热继电器	I0.3		

3. 设计顺序功能图

根据皮带运输机控制要求设计的功能图如图 7-6 所示。

4. 设计梯形图程序

皮带运输机的 PLC 梯形图程序如图 7-7 所示。

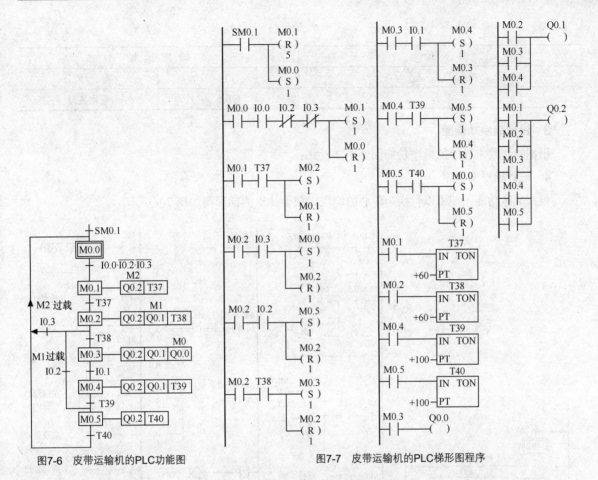

图7-6　皮带运输机的PLC功能图　　　　图7-7　皮带运输机的PLC梯形图程序

7.2　PLC 在交通信号灯控制系统中的应用

1. 交通灯的控制要求

当按下启动按钮 SB1 时，东西方向红灯亮 30 s，南北方向绿灯亮 25 s，绿灯闪亮 3 s，每秒闪亮 1 次，然后黄灯亮 2 s。当南北方向黄灯熄灭后，东西方向绿灯亮 25 s，绿灯闪亮 3 次，每秒闪亮 1 次，然后黄灯亮 2 s，南北方向红灯亮 30 s，就这样周而复始地不断循环。当按下停止按钮 I0.1 时，系统并不能马上停止，要完成 1 个工作周期后方可停止工作。

2. I/O 元件地址分配表

I/O 元件地址分配表如表 7-2 所示。

表 7-2　　　　　　　　　　I/O 元件地址分配表

输 入 地 址		输 出 地 址	
I0.0	启动按钮	Q0.0	东西红灯
I0.1	停止按钮	Q0.1	东西绿灯
		Q0.2	东西黄灯
		Q0.3	南北红灯

输 入 地 址		输 出 地 址	
		Q0.4	南北绿灯
		Q0.5	南北黄灯

3. 设计顺序功能图

根据控制要求设计的顺序功能图如图 7-8 所示。

4. 设计梯形图程序

根据顺序功能图使用以转换为中心的编程方法设计出的梯形图如图 7-9 所示。

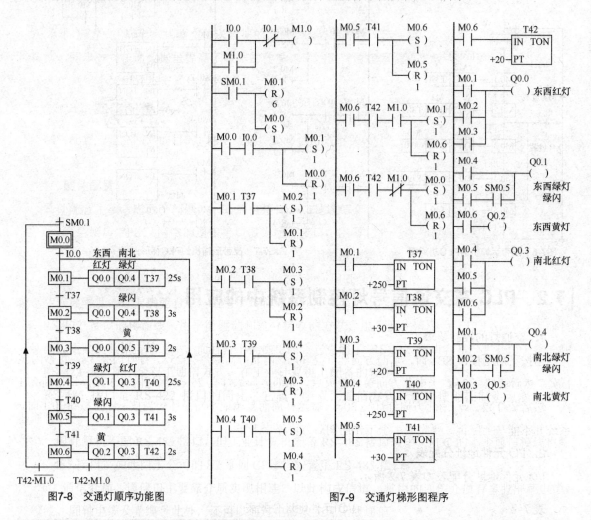

图7-8 交通灯顺序功能图　　　　图7-9 交通灯梯形图程序

7.3 PLC 在电镀生产线控制系统中的应用

1. 控制任务和要求

电镀生产线采用专用行车，行车架装有可升降的吊钩，行车和吊钩各有一台电动机拖动，行车进、退和吊钩升、降由限位开关控制，生产线定为 3 槽位，工作流程如下所述。

① 原位，表示设备处于初始状态，吊钩在下限位，行车在左限位。

② 自动工作过程为：启动→吊钩上升→上限位开关闭合→右行至 1 号槽→SQ1 闭合→吊钩下降进入 1 号槽内→下限行程开关闭合→电镀延时→吊钩上升……由 3 号槽内吊钩上升，左行至左限位，吊钩下降至下限位（即原位）。

③ 当吊钩回到原位后，延时一段时间（装卸工件），自动上升右行，按照工作流程要求不停地循环。当回到原位后，按下停止按钮系统不再循环，如图 7-10 所示。

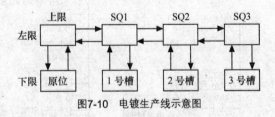

图7-10　电镀生产线示意图

2. I/O 元件地址分配表

I/O 元件地址分配表如表 7-3 所示。

表 7-3　　　　　　　　　　　I/O 元件地址分配表

输 入 地 址		输 出 地 址	
上限位开关	I0.0	上升	Q0.0
下限位开关	I0.1	下降	Q0.1
左限位	I0.2	右行	Q0.2
1 号槽位限位开关 SQ1	I0.3	左行	Q0.3
2 号槽位限位开关 SQ2	I0.4	原位	Q0.4
3 号槽位限位开关 SQ3	I0.5		
启动按钮	I1.0		
停止按钮	I1.1		

3. 设计顺序功能图

根据控制要求设计出的电镀生产线顺序功能图如图 7-11 所示。

4. 设计梯形图程序

根据顺序功能图设计出的梯形图程序如图 7-12 所示。

5. 原理分析

行车和吊钩位于原点时，Q0.4 指示灯亮，下限位开关 I0.1 和左限位开关 I0.2 为 ON。此时按下启动按钮 I1.0，Q0.0 为 ON，吊钩上升。上升到位压下上限位开关 I0.0，行车右行（Q0.2 为 ON）。右行至 1 号槽位限位开关 I0.3 闭合，吊钩开始下降至 1 号槽内，I0.1 为 ON，由 T37 实现电镀延时 30 s。当延时时间到，吊钩上升。上升到位压下 I0.0，行车右行（Q0.2 为 ON）。右行至 2 号槽位限位开关 I0.4 闭合，吊钩开始下降至 2 号槽内，I0.1 为 ON，由 T38 实现延时 30 s。延时时间到，吊钩上升，上升到位压下 I0.0，行车右行（Q0.2 为 ON）。当右行至 3 号槽位限位开关 I0.5 闭合，吊钩开始下降至 3 号槽内，I0.1 为 ON，由 T39 实现延时 30 s。延时时间到，吊钩上升（Q0.0 为 ON），上升到位压下 I0.0，行车左行（Q0.3 为 ON）。左行到位压下 I0.2，吊钩下降（Q0.1 为 ON）。下降到位 I0.1 为 ON，回到原点，原点指示灯 Q0.4 亮。在原点时由人工卸件。由 T40 的常开触点实现自动循环，按下停止按钮 I1.1 实现停车。

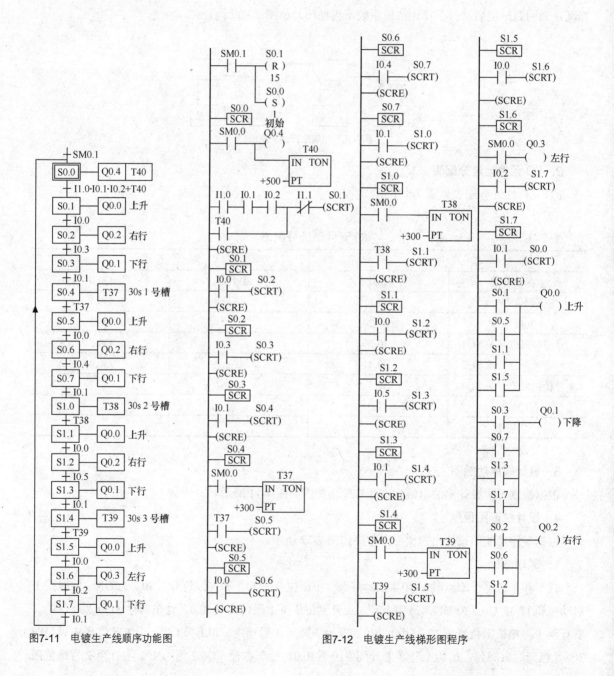

图7-11　电镀生产线顺序功能图　　　　　图7-12　电镀生产线梯形图程序

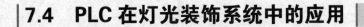

7.4　PLC 在灯光装饰系统中的应用

我们利用彩灯对铁塔进行装饰，从而达到烘托铁塔的效果。针对不同的场合对彩灯的运行方式也有不同的要求，对于要求彩灯有多种不同运行方式的情况下，采用 PLC 中的一些特殊指令来进行控制就显得尤为方便。

1. 铁塔之光的控制要求

PLC 运行后，灯光自动开始显示，有时每次只亮一盏灯，顺序从上向下，或是从下向上；有时从下向上全部点亮，然后又从上向下熄灭。运行方式多样，读者可自行设计。

本例为灯光与对应的七段译码管一一对应自动显示，每次只亮一盏灯，顺序从上向下依次点亮，自动循环，当按下停止按钮时，所有指示灯熄灭。

铁塔之光的结构示意图如图 7-13 所示。

2. I/O 元件地址分配表

I/O 元件地址分配表如表 7-4 所示。

表 7-4　　　　　　　　　　　　I/O 元件地址分配表

输 入 地 址				输 出 地 址	
启动按钮 SB1	I0.0	彩灯 L1	Q0.7	七段译码管 D0	Q0.0
停止按钮 SB2	I0.1	彩灯 L2	Q1.0	七段译码管 D1	Q0.1
		彩灯 L3	Q1.1	七段译码管 D2	Q0.2
		彩灯 L4	Q1.2	七段译码管 D3	Q0.3
		彩灯 L5	Q1.3	七段译码管 D4	Q0.4
		彩灯 L6	Q1.4	七段译码管 D5	Q0.5
		彩灯 L7	Q1.5	七段译码管 D6	Q0.6
		彩灯 L8	Q1.6		
		彩灯 L9	Q1.7		

3. 设计顺序功能图

根据控制要求设计的铁塔之光顺序功能图如图 7-14 所示。此图是采用七段译码指令设计的顺序功能图，比通用的方法简单易懂。

4. 设计梯形图程序

根据铁塔之光的顺序功能图设计的梯形图如图 7-15 所示。

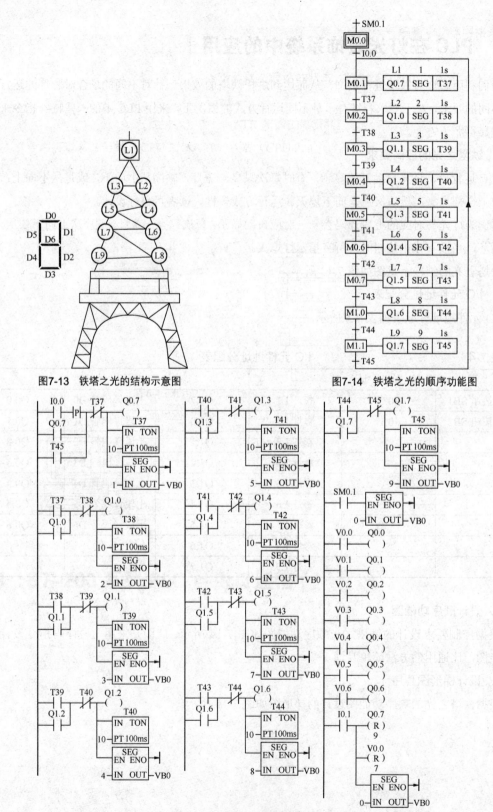

图7-13　铁塔之光的结构示意图

图7-14　铁塔之光的顺序功能图

图7-15　铁塔之光的梯形图程序

7.5　PLC 在自动门控制中的应用

1．自动门的控制要求

图 7-16 所示为某自动门工作示意图。

① 开门控制，当有人靠近自动门时，感应器检测到信号，执行高速开门动作；当门开到一定位置，开门减速开关 I0.1 动作，变为低速开门；当碰到开门极限开关 I0.2 时，门全部开展。

② 门开展后，定时器 T37 开始延时，若在 3 s 内感应器检测到无人，即转为关门动作。

③ 关门控制，先高速关门，当门关到一定位置碰到减速开关 I0.3 时，改为低速关门，碰到关门极限开关 I0.4 时停止。

在关门期间若感应器检测到有人（I0.0 为 ON），停止关门，T38 延时 1 s 后自动转换为高速开门。

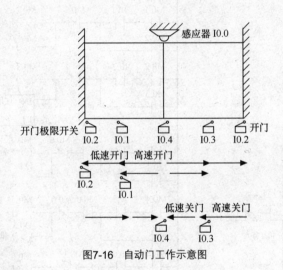

图7-16　自动门工作示意图

2．I/O 元件地址分配表

I/O 元件地址分配表如表 7-5 所示。

表 7-5　　　　　　　　　　　　I/O 元件地址分配表

输　入　地　址		输　出　地　址	
感应器	I0.0	高速开门	Q0.0
开门减速开关	I0.1	低速开门	Q0.1
开门极限开关	I0.2	高速关门	Q0.2
关门减速开关	I0.3	低速关门	Q0.3
关门极限开关	I0.4		

3．设计顺序功能图

在设计顺序功能图时，其关键是在关门期间若感应器检测到有人，即不论是高速关门还是低速

关门，都应停止，1 s 后自动转换为高速开门。这里出现了两个选择序列的分支（高速和低速关门）其顺序功能图如图 7-17 所示。

4. 设计梯形图程序

根据顺序功能图使用启保停电路的编程方法设计的梯形图程序如图 7-18 所示。

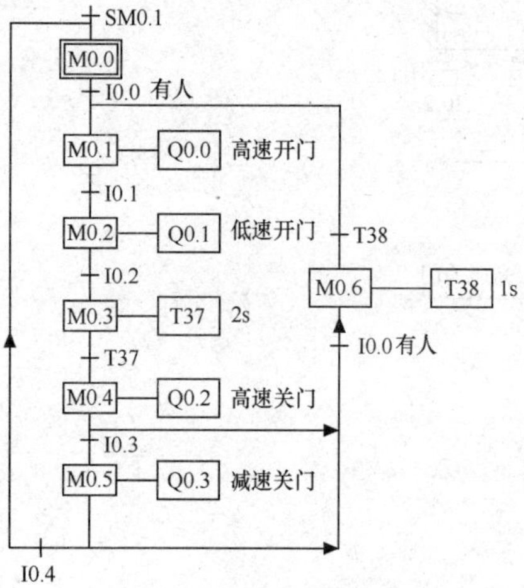

图7-17　自动门控制系统顺序功能图

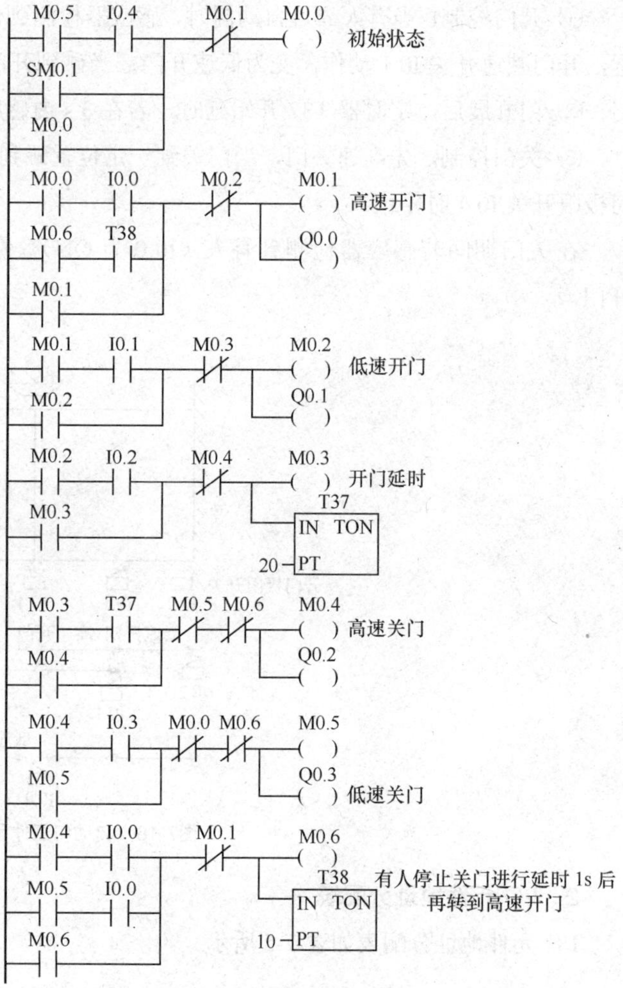

图7-18　自动门控制系统梯形图

7.6　PLC 在全自动洗衣机中的应用

全自动洗衣机的控制方式可分为手动控制洗衣、自动控制洗衣和预定时间洗衣等。下面只介绍全自动洗衣过程。

1. 全自动洗衣控制要求

① 洗衣机接通电源后，按下启动按钮，首先进水阀打开，进水指示灯亮。

② 当水位达到上限位时，进水指令灯灭，搅轮正转进行正向洗涤 40 s；时间到停 2 s 后，再进

行反向洗涤 40 s，正反向洗涤需重复 4 次。

　　③ 等待洗涤重复 4 次后，再等待 2 s，开始排水，排水指示灯亮。后甩干桶甩干，指示灯亮。

　　④ 当水位到下限位后，排水完成，指示灯灭。又开始进水，进水指示灯亮。

　　⑤ 重复 4 次①～④的过程。

　　⑥ 当第 4 次排水到下限位后，蜂鸣器响 5 s 后停止，整个洗衣过程结束。

　　⑦ 操作过程中，按下停止按钮可结束洗衣过程。

　　⑧ 手动排水是独立操作的。

2. I/O 元件地址分配表

I/O 元件地址分配表如表 7-6 所示。

表 7-6　　　　　　　　　　　I/O 元件地址分配表

输 入 地 址		输 出 地 址	
启动按钮	I0.0	进水指示灯	Q0.0
停止按钮	I0.1	排水指示灯	Q0.1
上限位开关	I0.2	正搅拌	Q0.2
下限位开关	I0.3	反搅拌	Q0.3
手动排水开关	I0.4	甩干桶指示灯	Q0.4
		蜂鸣器	Q0.5

3. 设计顺序功能图

　　根据洗衣机的控制要求设计的顺序功能图如图 7-19 所示。

　　当 M0.0 为活动步时，首先使计数器 C0 和 C1 复位。当按下启动按钮 I0.0 后，使洗衣机进入进水阶段，当水达到上限位 I0.2 时，进入正搅拌 40 s→停 2 s→反搅拌，要重复 4 次洗涤过程，所以采用 C0 进行计数。在步 M0.4 下面出现了选择序列的分支，当 T39 延时时间到，其常开触点闭合，此时向哪条路线转换，就取决于 C0 的常开触点与常闭触点的动作情况，若计数器的当前值小于设定值，C0 常闭触点接通，使步 M0.2 为活动步继续正搅拌；若 C0 当前值等于设定值，其 C0 的常开触点闭合，每一次洗涤完毕，使步 M0.5 为活动步。在步 M0.6 下面也出现了选择分支，分析方法与上面相似，C1 的作用与 C0 相同。

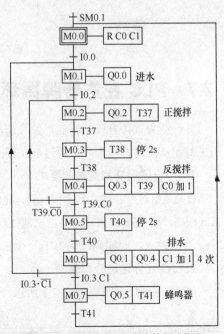

图7-19　全自动洗衣机顺序控制功能图

4. 设计梯形图程序

　　根据顺序功能图设计的梯形图程序如图 7-20 所示。

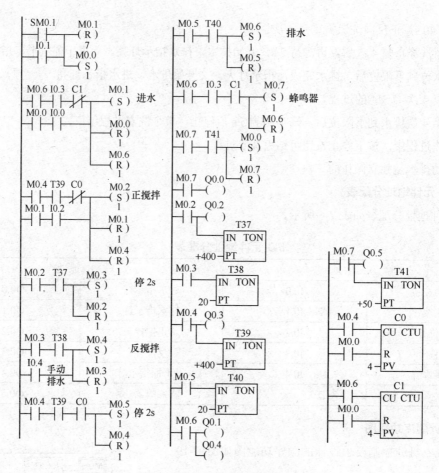

图7-20   全自动洗衣机控制梯形图

7.7   PLC 在广告牌循环彩灯控制系统中的应用

各行业为宣传自己的行业形象和新产品质量，常采用霓虹灯广告屏的方式。广告屏灯管的亮灭、闪烁时间及流动方向等均可通过 PLC 来达到控制要求。

1. 广告牌循环彩灯控制要求

设某霓虹灯广告牌共有 8 根灯管，亮的顺序为：第 1 根亮→第 2 根亮→第 3 根亮→第 4 根亮→……第 8 根亮，即递隔 1s 依次点亮，全部亮后，闪烁一次（亮 1s 灭 1s），再反过来按 8→7→6→5→4→3→2→1 反序熄灭，时间间隔仍为 1s，全部灭后，停 1s 再从第 1 根灯管点亮，如此循环。

2. I/O 元件地址分配表

I/O 元件地址分配表如表 7-7 所示。

表 7-7   I/O 元件地址分配表

输 入 地 址		输 出 地 址	
启动按钮	I0.0	8 根霓虹灯管 KA1～KA8	Q0.0～ Q0.7
停止按钮	I0.1		

3. 设计梯形图程序

根据彩灯的控制要求，采用传送指令及移位寄存器指令设计的梯形图如图 7-21 所示。

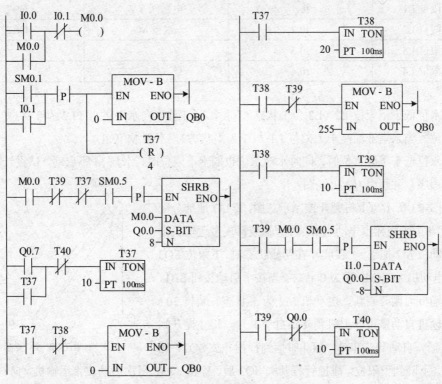

图7-21　广告牌循环彩灯控制梯形图

7-1　图 7-22 所示为水塔水位自动控制示意图，表 7-8 所示为水塔水位自动控制 I/O 地址分配表。当水池液面低于下限位 L4（L4 为 1 状态）时，电磁阀 YV 打开进行注水（当水位高于下限位 L4 时，L4 为 0 状态）。当水池液面高于上限位 L3（L3 为 1 状态）时，电磁阀 YV 关闭。

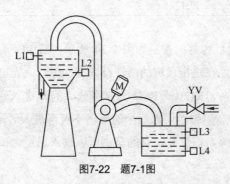

图7-22　题7-1图

表 7-8   水塔水位自动控制 I/O 地址分配表

输 入		输 出	
水塔上限位 L1	I0.1	电磁阀 YV	Q0.1
水塔上限位 L2	I0.2	水泵 M	Q0.2
水塔上限位 L3	I0.3		
水塔上限位 L4	I0.4		

当水塔水位低于下限位 L2（L2 为 1 状态），水泵 M 工作，向水塔供水（L2 为 0 状态），表示水位高于下限位。当水塔液面高于上限位 L1（L1 为 1 状态），水泵 M 停止。

当水塔水位低于下限水位时，同时水池水位也低于下限位时，水泵 M 不启动。试设计顺序功能图和梯形图程序，并画出 I/O 接线图。

7-2 图 7-23 所示为上料爬斗控制示意图，其 I/O 地址分配见表 7-9。爬斗由三相异步电动机 M1 拖动，装料皮带运输机由三相异步电动机 M2 拖动。上料爬斗在初始状态时，下限位 SQ3 为 1 状态，电动机 M1、M2 均为 0 状态。当按下启动按钮 SB1，启动皮带运输机向爬斗装料，电动机 M2 为 1 状态。装料 30 s 后，皮带运输机自动停止，上料爬斗则自动上升。爬斗提升到上限位 SQ2 后，自动翻斗卸料，翻斗时撞到行程开关 SQ1，随

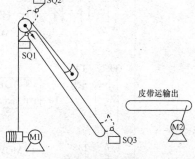

图7-23   题7-2图

即反向下降，下降到下限位，碰撞行程开关 SQ3 后，停留 30 s，再次启动皮带运输机，向料斗装料，装料 30 s 后，皮带运输机自动停止，料斗则自动上升。如此不断循环，直至按下停止按钮 SB2 时工作结束。试设计顺序功能图和梯形图程序，并画出 I/O 接线图。

表 7-9   上料爬斗控制 I/O 地址分配表

输 入		输 出	
启动按钮 SB1	I0.0	爬斗电动机 M1	Q0.1
停止按钮 SB2	I0.1	皮带运输机电动机 M2	Q0.2
爬斗上限位 SQ1	I0.2		
翻斗碰撞开关 SQ2	I0.3		
爬斗下限位 SQ3	I0.4		

7-3 地下停车场出入口处红绿灯的控制如图 7-24 所示，其 I/O 地址分配见表 7-10。为了节省空间，同时只允许一辆车进出，在进出通道的两端设置有红绿灯，光电开关 KG1 和 KG2 用于检测是否有车通过，光线被车遮住时，KG1 或 KG2 为 1 状态。有车进入通道时（光电开关检测到车的前沿），两端的绿灯灭，红灯亮，以警示两方后来的车辆不可再进入通道。车开出通道时，光电开关检测到车的后沿，两端的红灯灭，绿灯亮，别的车辆可以进入通道。试设计顺序功能图和梯形图程序，并画出 I/O 接线图。

表 7-10　　　　　　　　　　地下停车场出入口处红绿灯 I/O 地址分配表

输　入		输　出	
光电开关 KG1	I0.0	红灯	Q0.0
光电开关 KG2	I0.1	绿灯	Q0.1

　　7-4　多种液体自动混合装置如图 7-25 所示，其 I/O 地址分配见表 7-11。液体传感器 L1、L2、L3 被液体淹没时为 1 状态，YV1、YV2、YV3 和 YV4 均为电磁阀，线圈通电时打开，线圈断电时关闭。在初始状态时，容器是空的，各阀门均为关闭状态，各液体传感器均为 0 状态。当按下启动按钮后，打开电磁阀 YV1 和电磁阀 YV2，注入液体 A 与 B，当液面高度为 L2 时（此时 L2 和 L3 均为 1 状态），停止注入，关闭电磁阀 YV1 和电磁阀 YV2，打开电磁阀 YV3，液体 C 注入容器。当液面高度为 L1 时（L1 为 1 状态），停止注入，关闭电磁阀 YV3，电动机 M 开始运行，搅拌液体，60 s 后停止搅拌，打开电磁阀 YV4，放出混合液，当液面高度降至 L3 后（L3 为 0 状态），再过 5 s，容器放空，关闭电磁阀 YV4，打开电磁阀 YV1 和电磁阀 YV2，又开始下一周期的操作。当按下停止按钮时，当前工作周期结束后，才停止工作，返回并停留在初始状态。试设计顺序功能图和梯形图程序，并画出 I/O 接线图。

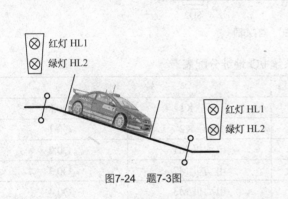

图7-24　题7-3图

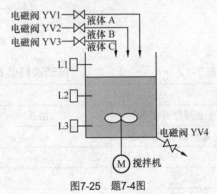

图7-25　题7-4图

表 7-11　　　　　　　　　　液体混合装置 I/O 地址分配表

输　入		输　出	
启动按钮	I0.0	电磁阀 YV1	Q0.0
停止按钮	I0.1	电磁阀 YV2	Q0.1
上限位传感器 L1	I0.2	电磁阀 YV3	Q0.2
中限位传感器 L2	I0.3	电磁阀 YV4	Q0.3
下限位传感器 L3	I0.4	搅拌机 M	Q0.4

　　7-5　如图 7-26 所示为自动送料装车系统示意图，其 I/O 地址分配见表 7-12。自动送料装车系统控制要求如下。

　　初始状态，红灯 HL2 灭，绿灯 HL1 亮，表示允许汽车进来装料。料斗 K2，电动机 M1、M2、M3 均为 0 状态。当汽车到来时，开关 SQ2 接通，红灯 HL2 亮，绿灯 HL1 灭，M3 运行，电动机 M2 在 M3 接通 5 s 后运行，电动机 M1 在 M2 启动 5 s 后运行，延时 5 s 后，料斗 K2 打开出料。当汽车装满后，开关 SQ2 断开，料斗 K2 关闭，电动机 M1 延时 5 s 后停止。M2 在 M1 停止 5 s 后停止。M3 在 M2 停止 5 s 后停止。指示灯 HL1 亮，HL2 灭，表示汽车可以开走。SQ1 是料斗上限位检测开关，其触点闭合时表示料满，K2 可以打开。SQ1 断开时，表示料斗内未满，K1 打开，K2 不打开。试设计顺序功能图和梯形图程序，并画出 I/O 接线图。

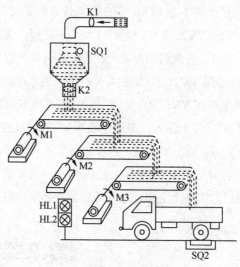

图7-26　题7-5图

表 7-12　　　　　　　　　　自动送料装车系统 I/O 地址分配表

输　入		输　出	
料斗上限位开关 SQ1	I0.0	送料 K1	Q0.0
位置检测开关 SQ2	I0.1	料斗 K2	Q0.1
		电动机 M1	Q0.2
		电动机 M2	Q0.3
		电动机 M3	Q0.4
		绿灯 HL1	Q0.5
		红灯 HL2	Q0.6

7-6　图 7-27 所示为用双面钻孔的组合机床在工件相对的两面钻孔，机床由动力滑台提供进给运动，刀具电动机固定在动力滑台上。双面钻孔的组合机床 I/O 地址分配见表 7-13，工件装入夹具后，按下启动按钮 SB1，工件被夹紧，限位开关 SQ1 为 1 状态。此时两侧在左、右动力滑台同时进行快速进给、工作进给和快速退回的加工循环，同时刀具电动机也启动工作。两侧的加工均完成后，系统将工件松开，松开到位，系统返回原位，一次加工的工作循环结束。试设计顺序控制功能图和梯形图程序，并画出 I/O 接线图。

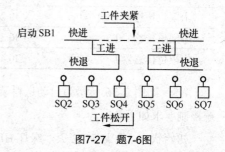

图7-27　题7-6图

表 7-13　　　　双面钻孔的组合机床 I/O 地址分配表

输　入		输　出	
启动按钮 SB1	I0.0	工件夹紧电磁阀 YV	Q0.0
停止按钮 SB2	I0.1	工件放松电磁阀 YV1	Q0.1
工件夹紧到位开关 SQ1	I0.2	左快进电磁阀 YV2、YV3	Q0.2、Q0.3
工作放松到位开关 SQ2	I0.3	左工进电磁阀 YV3	Q0.3
左快进到位开关 SQ3	I0.4	左快退电磁阀 YV4	Q0.4
左工进到位开关 SQ4	I0.5	右快进电磁阀 YV5、YV6	Q0.5、Q0.6
左快退到位开关 SQ5	I0.6	右工进电磁阀 YV6	Q0.6
右快进到位开关 SQ6	I0.7	右快退电磁阀 YV7	Q0.7
右工进到位开关 SQ7	I1.0		
右快退到位开关 SQ8	I1.1		

Chapter

8

第8章
| PLC 网络及通信 |

PLC 通信包括 PLC 之间、PLC 与上位计算机之间、PLC 和其他智能设备之间的通信。PLC 相互之间的连接，使众多相对独立的控制任务构成一个控制工程整体，形成模块控制体系；PLC 与计算机的连接，将 PLC 应用于现场设备直接控制，计算机用于编程、显示、打印和系统管理，构成"集中管理，分散控制"的分布式控制系统（DCS），满足工厂自动化（FA）系统发展的需要。

| 8.1　网络概述 |

8.1.1　连网目的

PLC 的连网就是为了提高系统的控制功能和范围，将分布在不同位置的 PLC 之间、PLC 与计算机、PLC 与智能设备通过传送介质连接起来，实现通信，以构成功能更强的控制系统。

两个 PLC 之间或一台 PLC 与一台计算机建立的连接，一般叫做链接（Link），而不能称为连网。

现场控制的 PLC 网络系统，极大地提高了 PLC 的控制范围和规模，实现了多个设备之间的数据共享和协调控制，提高了控制系统的可靠性和灵活性，增加了系统监控和科学管理水平，便于用户程序的开发和应用。

21 世纪的今天，信息网络已成为人类社会步入知识经济时代的标志。而 PLC 之间及其与计算机之间的通信网络已成为全集成自动化系统的特征。

8.1.2　网络结构和通信协议

网络结构又称为网络的拓扑结构，它主要指如何从物理上把各个节点连接起来形成网络。常用的网络结构包括链接结构、连网结构。

1. 链接结构

链接结构较简单，它主要指通过通信接口和通信介质（如电缆线等）把两个节点链接起来。链接结构按信息在设备间的传送方向可分为单工通信方式、半双工通信方式、全双工通信方式。

假设有 A 和 B 两个节点。单工通信方式是指数据传送只能由 A 流向 B，或只能由 B 流向 A。而半双工通信方式是指在两个方向上都能传送数据，即某对节点 A 或 B 既能接收数据，也能发送数据，但在同一时刻只能朝一个方向进行传送。全双工通信方式是指同时在两个方向上都能传送数据的通信方式。

由于半双工和全双工通信方式可实现双向数据传输，故在 PLC 链接及连网中较为常用。

2. 连网结构

连网结构指多个节点的连接形式，常用连接方式有 3 种，如图 8-1 所示。

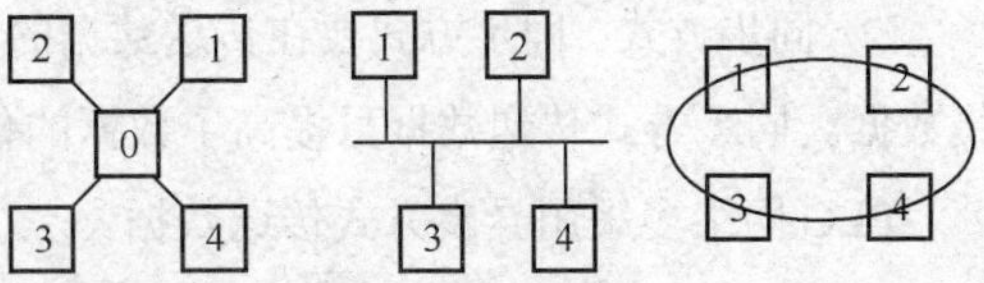

① 星形结构。只有一个中心节点，网络上其他各节点都分别与中心节点相连，通信功能由中心节点进行管理，并通过中心节点实现数据交换。

② 总线结构。这种结构的所有节点都通过相应硬件连接到一条无源公共总线上，任何一个节点发出

(a) 星形结构　　(b) 总线结构　　(c) 环形结构

图8-1　连网结构示意图

的信息都可沿着总线传输，并被总线上其他任意节点接收，它的传输方向是从发送节点向两端扩散传送。

③ 环形结构。环形结构中的各节点通过有源接口连接在一条闭合的环形通信线路中，是点对点式结构，即一个节点只能把数据传送到下一个节点。若下一个节点不是数据发送的目的节点，则再向下传送直到目的节点接收为止。

3. 网络通信协议

在通信网络中，各网络节点、各用户主机为了进行通信，就必须共同遵守一套事先制定的规则。这个规则称为协议。1979 年国际标准化组织（ISO）提出了开放式系统互连（Open Systems Interconnection，OSI）参考模型。该模型定义了各种设备连接在一起进行通信的结构框架。所谓开放，就是指要遵守这个参考模型的有关规定，任何两个系统都可以连接并实现通信。网络通信协议共有 7 层，从低到高分别是物理层、数据链接层、网络层、传输层、会话层、表示层、应用层。其中 1、2、3 层称为低层组，是计算机和网络共同执行的功能；4、5、6 层称为高层组，是通信用户与计算机之间执行的通信控制功能。人们最感兴趣的是低层组，在实际中，低层组的 3 层并不是严格分开的，故不一定要受此限制。PLC 通信网络很少完全使用这些协议，最多只是采用其中的一部分。

8.1.3　通信方式

1. 串行数据传送与并行数据传送

① 并行数据传送。并行数据传送时所有数据位是同时进行的，以字或字节为单位传送。并行传输速度快，但通信线路多、成本高，适合近距离数据高速传送。PLC 通信系统中，并行通信方式一般发生在内部各元件之间、基本单元与扩展模块或近距离智能模板的处理器之间。

② 串行数据传送。串行数据传送时所有数据是按位进行的。串行通信仅需要一对数据线就可以，在长距离数据传送中较为合适。PLC 网络传送数据的方式绝大多数为串行方式，而计算机或 PLC 内

部数据处理、存储都是并行的。若要串行发送、接收数据，则要进行相应的串行数据转换成并行数据后再处理。

2. 异步方式与同步方式

串行通信数据的传送是一位一位分时进行的。根据串行通信数据传输方式的不同可以分为异步方式和同步方式。

① 异步方式。异步方式又称为起止方式。它在发送字符时，要先发送起始位，然后才是字符本身，最后是停止位，字符之后还可以加入奇偶校验位。

异步传送较为简单，但要增加传送位，将影响传输速率。异步传送是靠起始位和波特率来保持同步的。

② 同步方式。同步方式要在传送数据的同时，也传递时钟同步信号，并始终按照给定的时刻采集数据。同步方式传递数据虽提高了数据的传输速率，但对通信系统要求较高。

PLC 网络多采用异步方式传送数据。

8.1.4　网络配置

网络配置与建立网络的目的、网络结构以及通信方式有关，但任何网络其结构配置都包括硬件、软件两个方面。

1. 硬件配置

硬件配置主要考虑两个问题，一是通信接口，二是通信介质。

① 通信接口。PLC 网络的通信接口多为串行接口，主要功能是进行数据的并行与串行转换，控制传送的波特率及字符格式，进行电平转换等。常用的通信接口有 RS-232、RS-422、RS-485。

RS-232 接口是计算机普遍配置的接口，其接口的应用既简单又方便。它采用串行的通信方式，数据传输速率低，抗干扰能力差，适用于传输速率和环境要求不高的场合。

RS-422 接口的传输线采用平衡驱动和差分接收的方法，电平变化范围为（12±6）V，因而它能够允许更高的数据传输速率，而且抗干扰性更高。它克服了 RS-232 接口容易产生共模干扰的缺点。RS-422 接口属于全双工通信方式，在工业计算机上配备的较多。

RS-485 接口是 RS-422 接口的简化，它属于半双工通信方式，依靠使能控制实现双方的数据通信。

一般计算机不配 RS-485 接口，但工业计算机配备 RS-485 接口较多。PLC 的不少通信模块也配用 RS-485 接口，如西门子公司的 S7 系列 CPU 均配置了 RS-485 接口。

② 通信介质。通信口主要靠介质实现相连，以此构成信道。常用的通信介质有多股屏蔽电缆、双绞线、同轴电缆及光缆。此外，还可以通过电磁波实现无线通信。

RS-485 接口多用双绞线实现连接。

2. 软件配置

要实现 PLC 的连网控制，就必须遵循一些网络协议。不同公司的机型，通信软件各不相同。软件一般分为两类，一类是系统编程软件，用以实现计算机编程，并把程序下载到 PLC，且监控 PLC

工作状态。如西门子公司的 STEP 7-Micro/WIN 软件。另一类为应用软件，各用户根据不同的开发环境和具体要求，用不同的语言编写的通信程序。

8.2 S7–200 系列 CPU 与计算机设备的通信

8.2.1 S7–200 系列 CPU 的通信性能

S7-200 系列 CPU 的通信功能来自它们标准的网络通信能力。

1. 西门子公司的网络层次结构

西门子公司 PLC 的网络 SIMATIC NET 是一个对外开放的通信系统，具有广泛的应用领域。西门子公司的控制网络结构由 4 层组成，从下到上依次为执行器与传感器级、现场级、车间级、管理级，其网络结构图如图 8-2 所示。

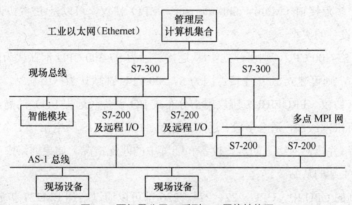

图8-2 西门子公司S7系列PLC网络结构图

西门子的网络层次结构由 4 个层次、3 级总线复合而成。最底一级为 AS-1 总线，它是用于连接执行器、传感器、驱动器等现成器件实现通信的总线标准。其扫描时间为 5 ms，传输媒体为未屏蔽的双绞线，线路长度为 300 m，最多为 31 个从站。中间一级是 PROFIBUS 总线。它是一种工业现场总线，采用数字通信协议，用于仪表和控制器的一种开放、全数字化、双向、多站的通信系统，其传输媒体为屏蔽的双绞线（最长 9.6 km）或光缆（最长 90 km），最多可接 127 个从站。最高一级为工业以太网，使用通用协议，负责传送生产管理信息，网络规模可达 1 024 站，长度可达 1.5 km（电气网络）或 200 km（光学网络）。

在这一网络体系中，PROFIBUS 总线是目前最成功的现场总线之一，已得到了广泛的应用。它是不依赖生产厂家的、开放的现场总线，各种各样的自动化设备均可通过同样的接口交换信息。众多的生产厂家提供了众多优质的 PROFIBUS 产品，用户可以自由地选择最合适的产品。

2. S7 系列的通信协议

西门子公司工业通信网络的通信协议包括通用协议和公司专用协议。西门子公司的协议是基于开放系统互连（OSI）七层通信结构模型。协议定义了两类网络设备主站与从站。主站可以对网络上任一个设备进行初始化申请，从站只能响应来自主站的申请，从站不能初始化本身。S7-200 CPU

支持多种通信协议，所使用的通信协议有以下 3 个标准和 1 个自由口协议。

① PPI 协议。点对点接口（Point-to-point-Interface，PPI）协议，是 1 个主/从协议。协议规定主站向从站发出申请，从站进行响应。从站不能初始化信息，但当主站发出申请或查询时，从站才对其响应。

PPI 通信接口是西门子专为 S7-200 系列 PLC 开发的，可通过普通的 2 芯屏蔽双绞电缆进行连网。PPI 通信接口的传输速率为 9.6 kbit/s、19.2 kbit/s 和 187.5 kbit/s。

S7-200 系列 CPU 上集成的编程口就是 PPI 通信接口。

主站可以是其他 CPU 主机（如 S7-200 等）、SIMATIC 程序器或 TD200 文本显示器等。网络中的所有 S7-200 CPU 都默认为从站。

对于任何一个从站有多少个主站与它通信，PPI 协议没有限制，但在 PPI 网络中最多只能有 32 个主站。

② MPI 协议。多点接口（Multi-Point Interface，MPI）协议，可以是主/主协议或主/从协议，协议如何操作有赖于设备的类型。

如果网络中有 S7-300 CPU，则可建立主/从连接。因为 S7-300 CPU 都默认为网络主站，如果设备中有 S7-200 CPU，则可建立主/从连接。因为 S7-200 CPU 都默认为网络从站。

③ PROFIBUS 协议。PROFIBUS 协议用于分布式 I/O 设备（远程 I/O）的高速通信。该协议的网络使用 RS-485 标准双绞线，适合多段、远距离通信。PROFIBUS 网络常有 1 个主站和几个 I/O 从站。主站初始化网络并核对网络上的从站设备和配置中的匹配情况。如果网络中有第 3 个主站，则它只能访问第 1 个主站的从站。

在 S7-200 系列的 CPU 中，CPU 222、224、226 都可以通过增加 EM227 扩展模块来支持 PROFIBUS-DP 网络协议，最高传输速率可达 12 Mbit/s。

④ 自由口协议。自由口通信方式是 S7-200 CPU 很重要的功能。在自由口模式下，S7-200 CPU 可以与任何通信协议公开的其他设备进行通信，即 S7-200 CPU 可以由用户自己定义通信协议（如 ASCII 协议）来提高通信范围，使控制系统配置更加灵活、方便。

在自由口模式下，主机只有在 RUN 方式时，用户才可以用相关的通信指令编写用户控制通信口的程序。当主机处于 STOP 方式时，自由口通信被禁止，通信口自动切换到正常的 PPI 协议操作。

3. 通信设备

能够与 S7-200 CPU 组网通信的相关网络设备主要有以下几种。

① 通信口。S7-200 CPU 主机上的通信口是符合欧洲标准 EN 50170 中的 PROFIBUS 标准的 RS-485 兼容 9 针 D 型连接器。

② 网络连接器。网络连接器可以用来把多个设备连接到网络中。网络连接器有两种类型：一种仅提供连接到主机的接口；另一种则增加了 1 个编程接口。两种连接器都有两组螺丝端子，可以连接网络的输入和输出。

③ 通信电缆。通信电缆主要有网络电缆和 PC/PPI 电缆。

网络电缆：现场 PROFIBUS 总线使用屏蔽双绞线电缆。网络连接时，网络段的电缆长度与电缆类型和波特率要求有很大关系。网络段的电缆越长，传输速率越低。

PC/PPI 电缆：许多电子设备都配置有 RS-232 标准接口，如计算机、编程器和调制解调器等。PC/PPI 电缆可以用来借助 S7-200 CPU 的自由口功能把主机和这些设备连接起来。

PC/PPI 电缆的一端是 RS-485 端口，用来连接 PLC 主机；另一端是 RS-232 端口，用于连接计算机等设备。电缆中部有 1 个开关盒，上面有 4 个或 5 个 DIP 开关，用来设置波特率、传送字符数据格式和设备模式。5 个 DIP 开关与 PC/PPI 通信方式如图 8-3 所示。

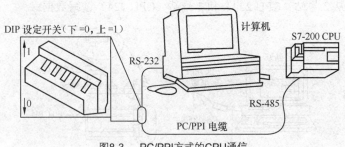

图8-3　PC/PPI方式的CPU通信

④ 网络中继器。网络中继器在 PROFIBUS 网络中，可以用来延长网络的距离，允许给网络加入设备，并且提供 1 个隔离不同网络段的方法。每个网络中最多有 9 个中继器，每个中继器最多可再增加 32 个设备。

⑤ 其他设备。除了以上设备之外，常用的还有通信处理器、多机接口卡和 EM277 通信模块等。

8.2.2　PC 与 S7–200 CPU 之间的连网通信

1. 链接

S7-200 CPU 与计算机直接相连，结构简单，易于实现。如图 8-3 所示，S7-200 包括 1 个 CPU 模块、1 台个人计算机、PC/PPI 电缆或 MPI 卡和西门子公司 STEP7-Micro/WIN 编程软件。

在 PPI 通信时，PC/PPI 电缆提供了 RS-232 到 RS-485 的接口转换，从而把个人计算机 PC 和 S7-200 CPU 连接起来，传输速率为 9.6 kbit/s。此时个人计算机为主站，站地址默认为 0，S7-200 CPU 为从站，站地址范围在 2～126 之间，默认值为 2。

2. PC/PPI 网络

PC/PPI 网络是由 1 个主机和多个 PLC 从机组成的通信网络，如图 8-4 所示。在该网络结构中，S7-200 CPU 的个数不超过 30 个，站地址范围从 2～31。网络线长在 1 200 m 以内，无需中继器。若使用中继器，则最多可以连接 125 台 CPU。安装有 STEP7-Micro/WIN 软件的计算机每次只能同其中 1 台 CPU 通信。这里个人计算机是唯一的主机，所有 S7-200 CPU 站都必须是从机。各从机的 CPU 不能使用网络指令 NETR 和 NETW 来发送信息。

在网络结构中所有的 CPU 都通过自身携带的 RS-485 口和网络连接器连接到 1 条总线上。

3. 多主机网络

当网络中主机数大于 1 时，MPI 卡必须装到个人计算机上，MPI 卡提供的 RS-485 端口可使用直通电缆来连接组成 MPI 网络，如图 8-5 所示。在该网络图中，2 号站和 4 号站的网络连接器有终端和偏置，因为它们处于网络末端，并且站 2、3 和 4 的网络连接器必须带有编辑口。该网络系统可以实现以下通信功能。

① STEP7-Micro/WIN32（在 0 号站）可以监视 2 号站的状态，同时 TD 200（5 号和 1 号站）和 CPU 224 模块（3 号站和 4 号站）可以实现通信。

② 2 个 CPU 224 模块可以通过网络指令 NETR 和 NETW 相互发送信息。

③ 3 号站可以从 2 号站（CPU 222）和 4 号站（CPU 224）读写数据。

④ 4 号站可以从 2 号站（CPU 222）和 3 号站（CPU 224）读写数据。

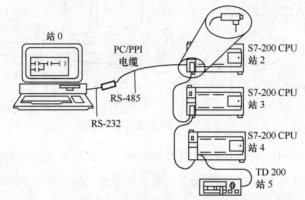

图8-4 利用PC/PPI电缆和几个S7-200 CPU通信

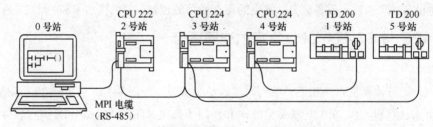

图8-5 利用MPI卡或CP和S7-200 CPU通信

8.3 S7-200 系列 PLC 自由口通信

自由口模式通信是指用户程序在自定义的协议下，通过端口 0 控制 PLC 主机与其他的带编程口的智能设备（如打印机、条形码阅读器、显示器等）进行通信。

自由口模式下，主机处于 RUN 方式时，用户可以用接收中断、发送中断和相关的通信指令来编写程序控制通信口的运行；当主机处于 STOP 方式时，自由口通信被终止，通信口自动切换到正常的 PPI 协议运行。

8.3.1 相关的特殊功能寄存器

1. 自由端口的初始化

自由端口的初始化用特殊功能寄存器中的 SMB30 和 SMB130 的各个位设置自由口模式，并配置自由口的通信参数，如通信协议、波特率、奇偶校验和有效数据位等。

SMB30 控制和设置通信端口 0，如果 PLC 主机上有通信端口 1，则用 SMB130 来进行控制和设置。SMB30 和 SMB130 的对应数据位功能相同，每位的含义如下：

P	P	D	B	B	B	M	M

① PP 位：奇偶选择。00 和 10 表示无奇偶校验；01 表示奇校验；11 表示偶校验。

② D 位：有效位数。0 表示每个字符有效数据位为 8 位；1 表示每个字符有效数据位为 7 位。

③ BBB 位：自由口传输速率。000 表示 38.4 kbit/s；001 表示 19.2 kbit/s；010 表示 9.6 kbit/s；011 表示 4.8 kbit/s；100 表示 2.4 kbit/s；101 表示 1.2 kbit/s；110 表示 600 bit/s；111 表示 300 bit/s。

④ MM 位：协议选择。00 表示 PPI 协议从站模式；01 表示自由口协议；10 表示 PPI 协议主站模式；11 表示保留（默认设置为 PPI 从站模式）。

2. 特殊标志位及中断事件

① 特殊标志位。SM4.5 和 SM4.6 分别表示口 0 和口 1 处于发送空闲状态。

② 中断事件。字符接收中断：中断事件 8（端口 0）和 25（端口 1）；

发送完成中断：中断事件 9（端口 0）和 26（端口 1）；

接收完成中断：中断事件 23（端口 0）和 24（端口 1）。

3. 特殊存储器字节

接收信息时用到一系列特殊功能存储器。端口 0 用 SMB86 到 SMB94；端口 1 用 SMB186 到 SMB194，各字节的功能描述见表 8-1 所示。

表 8-1 特殊寄存器功能

端　　口	端　　口	说　　明
SMB86	SMB186	接收信息状态字节
SMB87	SMB187	接收信息控制字节
SMB88	SMB188	信息字符的开始
SMB89	SMB189	信息的终止符
SMB90	SMB190	信息间的空闲时间设定，空闲后收到的第 1 个字符是新信息的首字符
SMB92	SMB192	信息内定时器设定，超过这一时间则终止接收信息
SMB94	SMB194	1 条信息要接收的最大字符数（0～255）

① 接收信息状态字节。状态字节 SMB86 和 SMB186 的位数据含义如下：

N	R	E	0	0	T	C	P

N=1 表示用户通过禁止命令结束接收信息操作。

R=1 表示因输入参数错误或缺少起始结束条件引起的接收信息结束。

E=1 表示接收到字符。

T=1 表示超时，接收信息结束。

C=1 表示字符数超长，接收信息结束。

P=1 表示奇偶校验错误，接收信息结束。

② 接收信息控制字节。接收信息控制字节 SMB97 和 SMB187 主要用于定义和识别信息的判据，各数据位的含义如下：

EN	SC	EC	IL	C/M	TMR	BK	0

EN 表示接收允许。为 0，禁止接收信息；为 1，允许接收信息。

SC 表示是否使用 SMB88 或 SMB188 的值检测起始信息，0 为忽略；1 为使用。

EC 表示是否使用 SMB89 或 SMB189 的值检测结束信息，0 为忽略；1 为使用。

IL 表示是否使用 SMB90 或 SMB190 的值检测空闲信息，0 为忽略；1 为使用。

C/M 表示定时器定时性质。0 为内部字符定时器；1 为信息定时器。

TMR 表示是否使用 SMB92 或 SMB192 的值终止接收，0 为忽略；1 为使用。

BK 表示是否使用中断条件来检测起始信息。0 为忽略；1 为使用。

通过对接收控制字节各个位的设置，可以实现多种形式的自由口接收通信。

8.3.2 自由口发送与接收指令

自由口发送接收指令的指令格式如表 8-2 所示。

表 8-2   自由口发送接收指令的指令格式

LAB	STL	功 能 描 述
XMT EN ENO TBL PORT	XMT TABLE, PORT	发送指令 XMT，输入使能端有效时，激活发送的数据缓冲区（TABLE）中的数据。通过通信端口 PORT 将缓冲区（TABLE）的数据发送出去
RVC EN ENO TBL PORT	RCV TABLE, PORT	接收指令 RCV，输入使能端有效时，激活初始化或结束接收信息服务。通过指定端口（PORT）接收从远程设备上传送来的数据，并放到缓冲区（TABLE）

自由口发送接收指令说明如下所述。

① XMT、RCV 指令只有在 CPU 处于 RUN 模式时，才允许进行自由端口通信。

② 操作数类型。TABLE：VB，IB，QB，MB，SMB，*VD，*AC，SB

　　　　　　　PORT：0，1

③ 数据缓冲区 TABLE 的第 1 个数据指明了要发送/接收的字节数，从第 2 个数据开始是要发送/接收的内容。

④ XMT 指令可以发送 1 个或多个字符，最多有 255 个字符缓冲区。通过向 SMB30（端口 0）或 SMB130（端口 1）的协议选择区置 1，可以允许自由端口模式。当处于自由端口模式，不能与可编程设备通信。当 CPU 处于 STOP 模式时，自由端口模式被禁止。通信端口恢复正常 PPI 模式，此时可以与可编程设备通信。

⑤ RCV 指令可以接收 1 个或多个字符，最多有 255 个字符。在接收任务完成后产生中断事件 23（对端口 0）或事件 24（对端口 1）。如果有 1 个中断服务程序连接到接收完成事件上，则可实现相应的操作。

8.3.3 自由口发送与接收应用举例

1. 控制要求

在自由端口通信模式下，实现 1 台本地 PLC（CPU 226）与 1 台远程 PLC（CPU 226）之间的数据通信。本地 PLC 接收远程 PLC 20 个字节数据，接收完成后，信息再次发回对方。

2. 硬件要求

2 台 CPU 226；网络连接器 2 个，其中 1 个带编程口；网络线 2 根，其中 1 根 PPI 电缆。

3. 参数设置

CPU 226 通信口设置为自由端口通信模式。通信协议波特率为 9.6 kbit/s，无奇偶校验，每字符 8 位。接收和发送用 1 个数据缓冲区，首地址为 VB200。

4. 程序

程序包括主程序、中断程序，主程序如图 8-6（a）所示。实现的功能是初始化通信口为自由口端模式，建立数据缓冲区，建立中断联系，并允许全局中断。

中断程序 INT-0，当接收完成后，启动发送命令，将信息发回对方，梯形图如图 8-6（b）所示。

中断程序 INT-1，当发回对方的信息结束时，显示任务完成，通信结束，梯形图如图 8-6（c）所示。

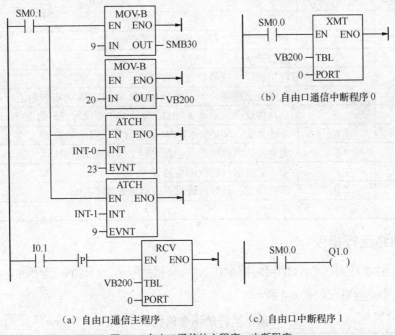

（a）自由口通信主程序 （b）自由口通信中断程序 0 （c）自由口中断程序 1

图8-6　自由口通信的主程序、中断程序

8.4　网络通信运行

在实际应用中，S7-200 PLC 经常采用 PPI 协议。如果一些 S7-200 CPU 在用户程序中允许做主站控制器，则这些主站可以在 RUN 模式下，利用相关的网络通信指令来读写其他 PLC 主机的数据。

8.4.1 控制寄存器和传送数据表

1. 控制寄存器

将特殊标志寄存器中的 SMB30 和 SMB130 中的内容设置为 $(2)_{16}$，则可将 S7-200 CPU 设置为 PPI 协议主站模式。

2. 传递数据表的格式及定义

执行网络读写指令时，PPI 主站与从站之间的数据以数据表的格式传送，具体数据表的格式如图 8-7 所示。

在图 8-7 所示的数据表的第 1 个字节中，D 表示操作是否完成，D=1 表示完成，D=0 表示未完成；A 表示操作是否排队，A=1 表示排队有效，A=0 表示排队无效；E 表示操作返回是否有错误，E=1 表示有错误，E=0 表示无误。E1、E2、E3、E4 错误编码，执行指令后 E=1 时，则由这 4 位返回一个错误码。这 4 位组成的错误码及其含义如表 8-3 所示。

字节偏移量 7　　　　8

偏移量	内容
0	D A E 0　错误码
1	远程站地址
2	
3	远程站的数据指针
4	（I,Q,M 或 V）
5	
6	数据长度
7	数据字节 0
8	数据字节 1
⋮	
22	数据字节 15

图8-7　网络读写数据表

表 8-3　　　　　　　　　　错误编码说明

E1、E2、E3、E4	错误代码	说　　　明
0000	0	无错误
0001	1	超时错误，远程站无响应
0010	2	接收错误
0011	3	脱机错误，重复站地址或失败，硬件引起冲突
0100	4	队列溢出错误，多于 8 个 NETR 和 NETW 方框被激活
0101	5	违反协议：未启动 AMB30 内的 PPI 而执行网络指令
0110	6	非法参数：NE/TR/NETW 表包含非法或无效数值
0111	7	无资源：远程站忙（正在进行上装或下载操作）
1000	8	第 7 层错误：违反应用协议
1001	9	信息错误：数据地址错误或数据长度不正确
1010～1111	A～F	未开发

8.4.2 网络运行指令

西门子公司 S7-200 系列 CPU 的网络指令有 2 条，分别是网络读（NETR）指令和网络写（NETW）指令，网络运行指令的格式如表 8-4 所示。

表 8-4　　　　　　　　　　网络运行的指令格式

LAB	STL	功 能 描 述
NETR EN ENO TBL PORT	NETR TABLE, PORT	网络读取（NETR）指令，在使能端输入有效时，指令初始化操作，并通过端口 PORT 从远程设备接收数据，形成数据表
NETW EN ENO TBL PORT	NETW TABLE, PORT	网络写入（NETW）指令，在使能端输入有效时，指令初始化通信操作，并通过指定端口 PORT 将数据表中的数据发送到远程设备

说明如下：

① 数据表最多可以有 16 个字节的信息；

② 操作数类型：TABLE：VB,MB,*VD,*AC；

　　　　　　　　　PORT：0，1。

③ 设定 ENO=0 的错误条件：SM4.3（运行时间），0006（间接寻址错误）。

8.4.3　网络读/写指令举例

1．系统功能描述

如图 8-8 所示，某产品自动装箱生产线将产品送到 4 台包装机中的某一台上，包装机把每 10 个产品装到 1 个纸箱中，1 个分流机控制着产品流向各个包装机（4 个）。CPU 221 模块用于控制打包机。1 个 CPU 222 模块安装了 TD 200 文本显示器，用来控制分流机。

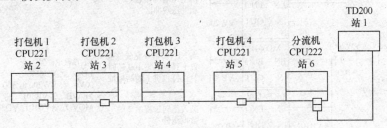

图8-8　某产品自动装箱生产线控制结构图

2．操作控制要求

网络站 6 要读写 4 个远程站（站 2、站 3、站 4、站 5）的状态字和计数值。CPU 222 通信端口号为 0。从 VB200 开始设置接收和发送缓冲区。接收缓冲区从 VB200 开始，发送缓冲区从 VB300 开始，具体分区如表 8-5 所示。

表 8-5　　　　　　　　接收、发送数据缓冲区划分表

VB200	接收缓冲区（站 2）	VB300	发送缓冲区（站 2）
VB210	接收缓冲区（站 3）	VB310	发送缓冲区（站 3）
VB221	接收缓冲区（站 4）	VB320	发送缓冲区（站 4）
VB230	接收缓冲区（站 5）	VB330	发送缓冲区（站 5）

CPU 222 用 NETR 指令连续地读取每个打包机的控制和状态信息。每当某个打包机装完 100 箱，分流机（CPU 222）会注意到这个事件，并用 NETW 指令发送 1 条信息清除状态字。下面以站 2 打包机为例，编制分流机对单个打包机需要读取的控制字节、包装完的箱数和复位包装完的箱数的管理程序。

分流机 CPU 222 与站 2 打包机进行通信的接收/发送缓冲区划分如表 8-6 所示。

表 8-6　　　　　　　站 2 打包机通信用数据缓冲区划分

VB200	状　态　字	VB300	状　态　字
VB201	远程站地址	VB301	远程站地址
VB202		VB302	
VB203	指向远程站（&VB100）	VB303	指向远程站（&VB100）
VB204	的数据区指针	VB304	的数据区指针
VB205		VB305	

续表

VB200	状　态　字	VB300	状　态　字
VB206	数据长度=3B	VB306	数据长度=2B
VB207	控制字节	VB307	0
VB208	状态（最高有效字节）	VB308	0
VB209	状态（最低有效字节）		

3. 程序清单及注释

网络站 6 通过网络读写指令管理站 2 的程序及其注释，如图 8-9 所示。

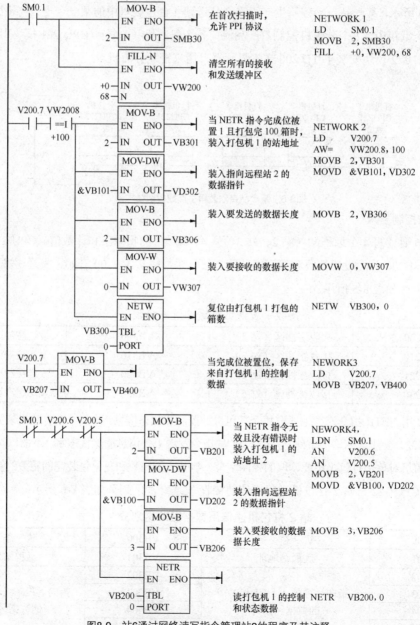

图8-9　站6通过网络读写指令管理站2的程序及其注释

8.5　S7-200 CPU 的 PROFIBUS-DP 通信

PROFIBUS 是目前最通用的现场总线之一。它依靠生产厂家开放式的现场总线，使各种自动化设备均可通过同样的接口交换信息，因此得到了广泛的应用。PROFIBUS 已成为德国国家标准 DIN19245 和欧洲标准 EN50170。

8.5.1　PROFIBUS 组成

PROFIBUS 协议定义了各种数据设备连接的串行现场总线技术的功能特性。这些数据设备可以从底层（如传感器、执行电器）到中间层（车间）广泛分布。PROFIBUS 连接的系统由主站和从站组成，主站能控制总线，当主站得到总线控制权时可以主动发送信息。从站为简单的外围设备，典型的从站为传感器、执行电器、变频器等。它们没有总线控制权，仅对接收到的信息给予回答。协议支持 1 个网络上的 127 个地址（0~126），网络段上最多有 32 个主站。为了通信，网络上的所有设备必须具有不同的地址。

8.5.2　PROFIBUS-DP 的标准通信协议

PROFIBUS-DP 是欧洲 EN50170 和国家标准 IEC61158 定义的一种远程 I/O 通信协议。该协议的网络使用 RS-485 标准双绞线进行远距离高速通信。PROFIBUS 网络通常有 1 个主站和几个 I/O 从站。1 个 DP 主站组态应包含地址，从站类型以及从站所需要的任何参数赋值信息，还应告诉主站由从站读入的数据应放置在何处，以及从何处获得写入从站的数据。DP 主站通过网络，初始化其他 DP 从站。主站从从站那里读出有关诊断信息，并验证 DP 从站是否已经接收参数和 I/O 配置。然后主站开始与从站交换 I/O 数据。每次对从站的事务处理为写输出和读输入。这种数据交换方式无限期地继续下去。如果有 1 个例外事件，从站会通知主站，然后主站从从站那里读出诊断信息。

一旦 DP 主机已将参数和 I/O 配置写入到 DP 站，而且从站已从主站 DP 那里接收到参数和配置，则主站就拥有那个从站。从站只能接收来自其主站的写请求。网络上的其他主站可以读取该主站的输入和输出，但是它们不能向该从站写入任何信息。

8.5.3　用 SIMATIC EM 277 模块将 S7-200 CPU 构成 DP 网络系统

1. EM 277 的功能

EM 277 是过程现场总线（PROFIBUS）的分布式外围设备，以及过程 I/O 设备。该设备上有一个 DP 端口，其电气特性属于 RS-485，遵循 PROFIBUS-DP 协议和 MPI 协议。通过该端口，可将 S7-200 CPU 连接到 PROFIBUS-DP 网络上。

作为 PROFIBUS-DP 网络的扩展从站模块，这个端口可运行于 9.6kbit/s 和 12Mbit/s 之间的任何 PROFIBUS 波特率。

作为 DP 从站，EM 277 模块接收从主站来的多种不同 I/O 配置，向从站发送和接收不同数量的数据。这种特性使用户能修改所传输的数据量，以满足实际应用的需要。

EM 277 PROFIBUS-DP 模块的 DP 端口可连接到网络上的 DP 主站上，但仍能作为 1 个 MPI 从站与同一网络上如 SIMATIC 编程器或 S7-400 等其他主站进行通信。图 8-10 所示为利用 EM 277 PROFIBUS-DP 模块组成的 1 个典型 PROFIBUS 网络。

图中 CPU 315-2 是 DP 主站，并且已通过 1 个带有 STEP 7 编程软件的 SIMATIC 编程器进行组态。CPU 224 是 CPU 315-2 所拥有的 1 个 DP 从站，ET200B I/O 模块也是 CPU 315-2 的从站。S7-400 CPU 连接到 PROFIBUS 网络，并且借助于 S7-400 CPU 用户程序中的 XGET 指令，可以从 CPU 224 读取数据。

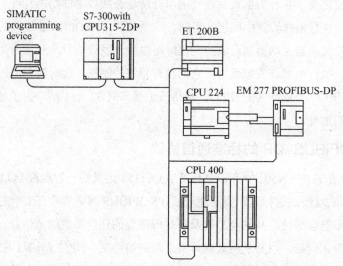

图8-10   EM277 PROFIBUS-DP模块和CPU 224组成的PROFIBUS网络

2. 相关的特殊功能寄存器

SMB 200 至 SMB 299 提供有关从站模块的状态信息。若 DP 端是 I/O 链中的第 1 个智能模块，EM 277 的状态从 SMB 200 至 SMB 249 获得。如果 DP 尚未建立与主站的通信，那么这些 SM 存储单元显示默认值。当主站已将参数和 I/O 组态写入到模块后，这些 SM 存储单元显示 DP 主站的组态集。有关 SMB 200 至 SMB 299 专用存储器单元的详细内容如表 8-7 所示。

表 8-7   SMB 200 至 SMB 299 的专用存储器字节

DP 是第 1 个智能模块	DP 是第 2 个智能模块	说　　明
SMB 200 至 SMB 215	SMB 200 至 SMB 215	模块名（16 ASCII）"EM 277 PROFIBUS-DP"
SMB 216 至 SMB 219	SMB 266 至 SMB 269	S/W 版本号（4 ASCII 字符）
SMW 220	SMW 270	错误代码
		$(0000)_{16}$　　　　　　　无错误 $(0001)_{16}$　　　　　　　无用户电源 $(0002)_{16}$ 至 $(FFFF)_{16}$　　保留

续表

DP 是第 1 个智能模块	DP 是第 2 个智能模块	说　明
SMW 222	SMW 272	DP 从模块的站地址，由地址开关（0～99 十进制）设定
SMW 223	SMW 273	保留
SMW 224	SMW 274	DP 标准协议状态字节 MSB　　　　　LSB 0 0 0 0 0 0 S1 S0 S1S0 DP 标准状态字节描述 0 0 上电后，DP 通信未初始化 0 1 组态、参数化错误 1 0 处于数据交换状态 1 1 退出数据交换状态
SMW 225	SMW 275	DP 标准协议—从站的主站地址（0～125）
SMW 226	SMW 276	DP 标准协议—输出缓冲区的 V 存储器地址，作为从 VB0 开始的输出缓冲区的偏移量
SMW 228	SMW 278	DP 标准协议—输出数据的字节数
SMW 229	SMW 279	DP 标准协议—输入数据的字节数
SMW 230 至 SMB 249	SMW 280 至 SMB 299	保留—电源接通时清除

8.5.4　PROFIBUS–DP 通信的应用实例

某通信网络结构由 CPU 224 和 EM 277 PROFIBUS-DP 模块构成，通信程序中 DP 缓冲区的地址由 SMW 226 确定。DP 缓冲区的大小由 SMW 228 和 SMW 229 确定。程序驻留在 DP 从站的 CPU 里。使用这些信息以复制 DP 输出缓冲器中的数据到 CPU 224 的过程映像寄存器中。同时，在 CPU 224 的输入映像寄存器中的数据可被复制到 V 的输入缓冲区中。

DP 从站的组态信息如下：

SMW220　　　　DP 模块出错状态

SMB224　　　　DP 状态

SMB225　　　　主站地址

SMW226　　V 中输出的偏移

SMB228　　　　输出数据的字节数

SMB229　　　　输入数据的字节数

VD1000　　　　输出数据的指针

VD1004　　　　输入数据的指针

DP 从站实现数据通信实例程序如图 8-11 所示。

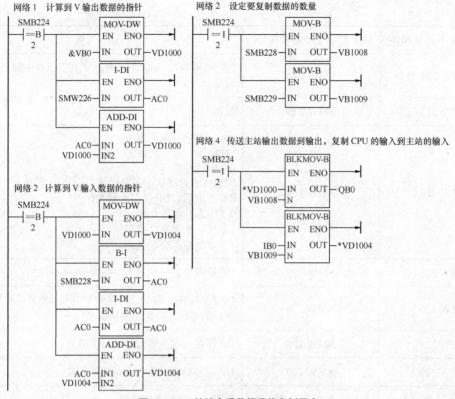

图8-11　DP从站实现数据通信实例程序

8.6　PLC 与变频器之间的通信

在西门子产品中，PLC 与变频器之间的通信是分以下几个步骤来完成的：首先要在 STEP7-Micro/WIN 编程软件上对变频器的控制通过 USS 协议指令进行各种设定，然后将其设定下载到 PLC，最后连接变频器与 PLC。当 PLC 进入到运行状态后，就会根据 USS 协议指令的要求与变频器进行通信，从而实现对变频器的控制。

8.6.1　USS 协议指令

（1）USS_INIT 初始化指令（见表 8-8），指令格式及功能中各输入/输出端子名称、功能及寻址的寄存器如表 8-9 所示，执行 USS 协议可能出现的错误如表 8-10 所示。

表 8-8　　　　　　　　　　USS_INIT 初始化指令格式及功能

梯形图 LAD	语句表 STL		功能
	操作码	操作数	
USS_INIT — EN　　Done — — Mode　Error — — Baud — Active	CALL USS_INIT	Mode，Baud，Active，Error	用于允许和初始化或禁止 Micro Master 变频器通信

表 8-9　　　　　　　　　　USS_INIT 初始化指令的输入/输出端子说明

符号	端子名称	状态	作用	可寻址寄存器
EN	使能端	1	USS_INIT 指令被指行，USS 协议被启动	
Mode	通信协议选择端	字节	为 1 时，将 PLC 的端口 0 分配给 USS 协议，并允许该协议	VB，IB，QB，MB，SB，SMB，LB，AC，*VD，*AC，*LD，常数
			为 0 时，将 PLC 的端口 0 分配给 PPI 协议，并禁止 USS 协议	
Baud	通信速率设置端	字	可选择的波特率为 1200、2400、4800、9600 或 19200	VW，QW，IW，MW，SW，SMW，LW，T，C，AIW，AC，*VD，*AC，*LD，常数
Active	变频器激活端	双字	用于激活需要通信的变频器，双字寄存器的位表示被激活的变频器的地址（范围 0～31）	VD，ID，QD，MD，SD，SMD，LD，AC，*VD，*AC，*LD，常数
Done	完成 USS 协议设置标志端	位	当 USS_INIT 指令顺利执行完成时，Done 输出接通，否则出错	I，Q，M，S，SM，T，C，V，L
Error	USS 协议执行出错指示端	字节	当 USS_INIT 指令执行出错时，Error 输出错误代码。其可能的错误类型如表 8-10 所示	VB，IB，QB，MB，SB，SMB，LB，AC，*VD，*AC，*LD

表 8-10　　　　　　　　　　执行 USS 协议可能出现的错误

出错代码	说明	出错代码	说明
0	没有出错	11	变频器响应的第一字符不正确
1	变频器不能响应	12	变频器响应的长度字符不正确
2	检测到变频器响应中包含加校验和错误	13	变频器错误响应
3	检测到变频器响应中包含奇偶校验错误	14	提供的 DB-PTR 地址不正确
4	由用户程序干扰引起的错误	15	提供的参数号不正确
5	企图执行非法命令	16	所选择的协议无效
6	提供非法的变频器地址	17	USS 激活，不允许更改
7	没有为 USS 协议设置通信口	18	指定了非法的波特率
8	通信口正忙于处理命令	19	没有通信，变频器没有激活
9	输入的变频器速率超出范围	20	在变频器中响应中的参数和数值有错
10	变频器响应的长度不正确		

（2）USS_CTRL 驱动变频器指令如表 8-11 所示。指令格式及功能中各输入/输出端子名称、功能及寻址的寄存器如表 8-12 所示。

表 8-11　　　　　　　　　USS_CRTL 驱动变频器指令格式及功能

梯形图 LAD	语句表 STL		功能
	操作码	操作数	
USS_CTRL EN　　Resp_R RUN　　Error OFF2　　Status OFF3　　Speed F_ACK　　Run_EN DIR　　D_Dir Drive　　Inhibit Type　　Fauit Speed_SP	CALL USS_CTRL	RUN，OFF2，OFF3，F_ACK，DIR，Drive，Speed_SP，Resp_R，Error，Status，Speed，Run_EN，D_Dir，Inhibit，Fault	USS_CRTL 指令用于控制被激活的 Micro Master 变频器 USS_CRTL 指令把选择的命令放在一个通信缓冲区内，经通信缓冲区发送到由 Drive 参数指定的变频器，如果该变频器已由 USS_INIT 指令的 ACTIVE 参数选中，则变频器将按选中的命令执行

表 8-12　　USS_CRTL 驱动变频器指令中各输入/输出端子的名称、功能及寻址的寄存器

符号	端子名称	状态	作用	可寻址寄存器
EN	使能端	1	USS_INIT 指令被启动，EN 断开时，禁止 USS_CRTL 指令	
RUN	运行/停止控制端	位	当 RUN 接通时，Micro Master 变频器开始以规定的速度和方向运转	I，Q，M，S，SM，T，C，V，L
			当 RUN 断开时，Micro Master 变频器开始输出频率下降，直至为 0	
OFF2	减速停止控制端	位		I，Q，M，S，SM，T，C，V，L
OFF3	快速停止控制端	位		I，Q，M，S，SM，T，C，V，L
F_ACK	故障确认端	位	当 F_ACK 从低变高时，变频器清除故障（FAULT）	I，Q，M，S，SM，T，C，V，L
DIR	方向控制端	位	变频器顺时针方向运行	I，Q，M，S，SM，T，C，V，L
			变频器逆时针方向运行	
Drive	地址输入端	字节	变频器地址可在 0～31 范围内选择	IB，VB，QB，MB，SB，SMB，LB，AC，*VD，*AC，*LD，常数
Type	类型选择	字节	将 Micro Master 3(或更早版本)驱动器的类型设为 0；将 Micro Master 4 驱动器的类型设为 1	VB，IB，QB，MB，SB，SMB，LB，AC，常量，*VD，*AC，*LD

续表

符号	端子名称	状态	作用	可寻址寄存器
Speed_SP	速度设定端	实数	以全速百分值（−200%～+200%）设定变频器的速度，若值为负则变频器反向旋转	VD，ID，QD，MD，SD，SMD，LD，AC，*AC，*VD，*LD，常数
Resp_R	变频器响应确认端	位	当 CPU 从变频器接收到一个响应，Resp_R 接通一次，并更新所有数据	I，Q，M，S，SM，T，C，V，L
Error	出错状态字	字节	显示执行 USS_CRTL 指令的出错情况	IB，VB，QB，MB，SB，SMB，LB，AC，*VD，*AC，*LD
Status	工作状态指示端	字	其显示的变频器工作状态如图 8-12 所示	VW，T，C，IW，QW，SW，MW，SMW，LW，AC，AQW，*AC，*VD，*LD
Speed	速度指示端	实数	存储全速度百分值的变频器速度（−200%～200%）	VD，ID，QD，MD，SD，SMD，LD，AC，*AC，*VD，*LD，
Run_EN	运行状态指示端	位	变频器正在运行为 1，已经停止为 0	I，Q，M，S，SM，T，C，V，L
D_Dir	旋转方向提示端	位	变频器顺时针方向旋转为 1，逆时针方向旋转为 0	I，Q，M，S，SM，T，C，V，L
Inhibit	禁止位状态提示端	位	变频器禁止时为 1，不禁止时为 0	I，Q，M，S，SM，T，C，V，L
Fault	故障状态提示端	位	变频器故障为 1，无故障为 0	I，Q，M，S，SM，T，C，V，L

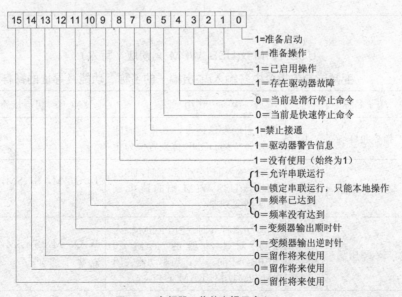

图8-12　变频器工作状态提示含义

（3）USS_RPM_x(USS_WPM_x)读取（写入）变频器参数指令见表 8-13，指令格式及功能中各输入输出端子的名称、功能及寻址的寄存器如表 8-14 所示。

表 8-13　　　USS_RPM_x(USS_WPM_x)读取（写入）变频器参数指令格式及功能

梯形图 LAD	语句表 STL		功能
	操作码	操作数	
USS_RPM_X EN XMT_REQ Drive Param　　Done Index　　Error DB_Ptr　　Value	CALL USS_RPM_W CALL USS_RPM_D CALL USS_RPM_R	XMT_REQ， Drive，Param， Index， DB_Ptr，Done， Error，Value	USS_RPM_x 指令读取变频器的参数，当变频器确认接收到命令时或发送一个出错状况时，则完成 USS_RPM_x 指令处理，在该处理等待响应时，逻辑扫描仍继续进行
USS_WPM_X EN XMT_REQ EEPROM Drive Param Index　　Done Value DB_Ptr　　Error	CALL USS_WPM_W CALL USS_WPM_D CALL USS_WPM_R	XMT_REQ， EEPROM， Drive，Param， Index，Value， DB_Ptr，Done， Error	USS_RPM_x 指令将变频器参数写入到指定的位置，当变频器确认接收到命令时或发送一个出错状况时，则完成 USS_RPM_x 指令的处理，在该处理等待响应时，逻辑扫描仍继续进行

USS_RPM_x(USS_WPM_x)读取（写入）

表 8-14　　　变频器参数指令中各输入/输出端子的名称、功能及寻址的寄存器

符号	端子名称	状态	作用	可寻址寄存器
EN	指令允许端	1	用于启动发送请求，其接通时间必须保持到 DONE 位被置位为止	
XMT_REQ	发送请求端	位	在 EN 输入的上升沿到来时，USS_RPM_x(USS_WPM_x)的请求被发送到变频器	I，Q，M，S，SM，T，C，V，L，能流
EEPROM	写入启用端	位	当驱动器打开时，EEPROM 输入启用对驱动器的 RAM 和 EEPROM 的写入，当驱动器关闭时，仅启用对 RAM 的写入	I，Q，M，S，SM，T，C，V，L，能流

续表

符号	端子名称	状态	作用	可寻址寄存器
Drive	地址输入端	字节	USS_RPM_x(USS_WPM_x) 命令将发送到这个地址的变频器。每个变频器的有效地址为 0 到 31	VB, IB, QB, MB, SB, SMB, LB, AC, *VD, *AC, *LD, 常数
Param	参数号输入端	字	用于指定变频器的参数号，以便读写该项参数值	VW, T, C, IW, QW, SW, MW, SMW, LW, AC, AQW, *AC, *VD, *LD, 常数
Index	索引地址	字	需要读取参数的索引值	VW, IW, QW, MW, SW, SMW, LW, T, C, AC, AIW, 常量, *VD, *AC, *LD 字
DB_PTR	缓冲区初始地址设定端	双字	缓冲区的大小为 16B, USS_RPM_x(USS_WPM_x)指令使用这个缓冲区以存储向变频器所发命令的结果	&VB
ERR	出错状态字	字节	输出执行 USS_RPM_x(USS_WPM_x) 指令出错时的信息，其输出的代码含义如表 9-10 所示	VB, IB, QB, MB, SB, SMB, LB, AC, *VD, *AC, *LD
VAL	参数值存取端	字	对 USS_RPM_x 指令为从变频器读取的参数值，对 USS_WPM_x 指令为写入到变频器的参数值	VW, T, C, IW, QW, SW, MW, SMW, LW, AC, AQW, *AC, *VD, *LD, 常数

8.6.2 变频器的设置

在将变频器与 PLC 连接之前，需用变频器的小键盘对变频器的参数进行设置。具体操作内容如下：

（1）将变频器复位到工厂设定值，即将 P944 设置为 1。

（2）将 P009 设置为 3，允许读/写所有参数。

（3）使用 P081、P082、P083、P084、P085 设定电动机的额定值。

（4）将变频器设定为远程工作方式，使 P910＝1。

（5）设定 RS-485 串行接口的波特率。可使 P092 选择 3、4、5、6、7，它们对应的波特率分别为：3～1200bit/s；4～2400bit/s；5～4800bit/s；6～9600bit/s；7～19200bit/s。

（6）设置变频器的站地址，使 P091=0～31。

（7）增速时间设定。可使 P002＝0～650.00。它是以秒表示的电动机加速到最大频率所需的时间。

（8）斜坡减速时间设定。可使 P003=0～650.00。它是以秒表示的电动机减速到完全停止所需的时间。

（9）串行通信超时设定。用于设定两个输入数据报文之间的最大允许时间间隔。当收到了有效

数据报文后开始计时，如果在规定的时间间隔内没有收到其他的数据报文，则变频器将跳闸，并显示故障代码 F008。可使 P093 在 0～240 之间选择。

（10）串行链路额定系统设定点的设置。该点定义了相当于 100%的变频器给定值。典型情况是50Hz 或 60Hz。可使 P094 在 0～400.00 之间选择。

（11）设定 USS 的兼容性。使 P095 为 1 或 0。当 P095＝1 时代表分辨率为 0.01Hz；当 P095=0时代表分辨率为 0.1Hz。

（12）EEPROM 存储器控制设置。设定 P971 为 0 或 1。当 P971＝0 时，断电时不保留参数设定值；当 P971＝1 时，断电期间仍保持更改的参数设定值。

8.6.3　USS 协议指令应用举例

如果采用 PLC 的输入输出触点及变量存储器如表 8-15 所示，则根据 USS 协议指令编写的 PLC控制变频器的梯形图程序如图 8-13 所示。

表 8-15　　　　　　　　　　PLC I/O 接口及内部寄存器的使用情况

I/O	用途	I/O	用途
I0.0	为 1 时，启动 0 号变频器运行	M0.0	当 CPU 接收到变频器响应后该位接通一次
I0.1	为 1 时，0 号变频器以减速停车方式停车	M0.1	执行 USS_RPM_W 指令完成时为 1
I0.2	为 1 时，0 号变频器以快速停车方式停车	M0.2	执行 USS_WPM_R 指令完成时为 1
I0.3	为 1 时清除 0 号变频器故障状态指示（Q0.3）	VB1	执行 USS_INIT 指令出错时显示其错误代码
I0.4	为 1 时，0 号变频器顺时针方向旋转	VB2	执行 USS_CRTL 指令出错时显示其错误代码
I0.5	读取操作命令	VB10	执行 USS_RPM_W 指令出错时显示其错误代码
I0.6	写出操作命令	VB14	执行 USS_WPM_R 指令出错时显示其错误代码
Q0.0	为 1 完成 USS 协议设置	VB20	读取变频器参数的存储初始地址
Q0.1	为 1 表示运行，否则停止	VB40	写变频器参数的存储初始地址
Q0.2	为 1 表示正向运行，为 0 则表示反向运行	VW4	0 号变频器的工作状态显示
Q0.3	0 号变频器被禁止时为 1，不禁止时为 0	VW12	存储由 0 号变频器读取的参数
Q0.4	0 号变频器故障时为 1，无故障时为 0	VD60	存储全速度百分值的变频器速度

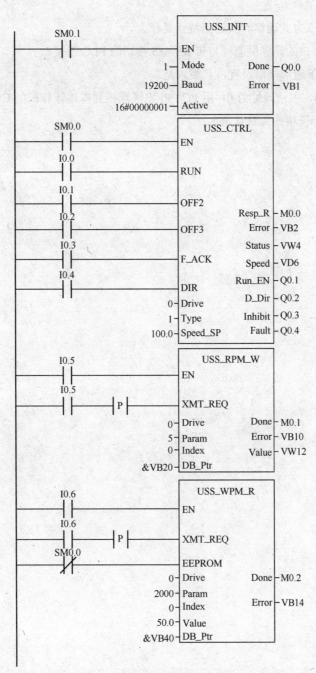

图8-13　USS协议指令应用

8-1　数据通信方式有几种？它们分别有哪些特点？

8-2　PLC 采用什么方式通信？其通信特点是什么？

8-3　带 RS-232 接口的计算机怎样与带 RS-485 接口的 PLC 连接？

8-4　如何进行以下通信接口设置，其要求是：

从站设备地址为 4，主站地址为 0，用 PC/PPI 电缆连接到本地计算机的 COM2 串行口，传送速率为 9.6 kbit/s，传送字符格式为默认值。

第9章

| 模拟量模块及触摸屏的应用 |

本章主要介绍模拟量模块的种类、输入/输出模块的主要技术规范及 S7-200 PLC 模拟量模块和模拟量程序的处理方法。本章以昆仑通态公司的 TPC7062K 触摸屏控制三相异步电动机为例，介绍触摸屏监控画面制作、数据对象定义、动画连接和与外部设备连接的方法。

9.1 模拟量模块的概述

生产过程中的电压信号、电流信号，用连续变化的数值所表示的温度、流量、转速、压力等工艺参数，都是模拟量信号。这些模拟量信号限定在一定标准范围内，如 0～10V 电压或 0～20mA 电流。通常 PLC 的 CPU 模块只具有数字量 I/O 接口，如果要处理模拟量信号，必须为 CPU 模块配置模拟量模块。模拟量模块的作用是实现模/数（A/D）转换，使 CPU 模块能够接受、处理和输出模拟量信号。CPU 模块与模拟量模块之间的信号传输框图如图 9-1 所示。

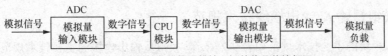

图9-1　CPU模块与模拟量模块之间的信号传输框图

9.1.1 模拟量模块的种类

S7-200 有 3 种类型的模拟量模块，其型号、输入/输出数及消耗电流如表 9-1 所示。

表 9-1　　　　　　　　　模拟量模块型号、路数及消耗电流

名称	型号	输入/输出路数	模块消耗电流（mA）	
			+5V DC	+24V DC
模拟量输入模块	EM231	4 路模拟量输入	20	60

续表

名称	型号	输入/输出路数	模块消耗电流（mA）	
			+5V DC	+24V DC
模拟量输出模块	EM232	2 路模拟量输出	20	70
模拟量输入/输出模块	EM235	4 路模拟量输入/2 路模拟量输出	30	60

模拟量模块的+5V 直流工作电源由 CPU 模块提供，模拟量模块的+24V 直流工作电源由 CPU 模块的 24V 电源（或外部电源）提供，模拟量模块的面板上有+24V 直流电源指示灯。

CPU 模块与扩展模块由标准导轨固定安装，各个扩展模块依次放在 CPU 模块的右侧。CPU 模块的连接端口位于机身中部的左侧，通信电缆插入连接后如图 9-2 所示。

图9-2　CPU模块与扩展模块的连接

每一种 CPU 模块所提供的本机 I/O 地址是固定的。在 CPU 模块右侧连接的模拟量模块的地址由 I/O 端口的类型及它在同类 I/O 链中的位置来决定，地址编码由左至右顺序排列。

模拟量模块是按偶数分配地址。模拟量模块与数字量扩展模块不同的是：数字量扩展模块中的保留位可以当内存中的位使用，而模拟量模块因为没有内存映像，不能使用这些 I/O 地址。

模拟量输入是 S7-200 为模拟量输入信号开辟的一个存储区。模拟量输入用标识符（AI）、数据长度（W）及字节的起始地址表示，该区的数据为字（16 位）。在 CPU221 和 CPU222 中，其表示形式为：AIW0，AIW2，…，AIW30，共有 16 个字，总共允许有 16 路模拟量输入；在 CPU224 和 CPU226 中，其表示形式为：AIW0，AIW2，…，AIW62，共有 32 个字，总共允许有 32 路模拟量输入。模拟量输入值为只读数据。

模拟量输出是 S7-200 为模拟量输出信号开辟的一个存储区。模拟量输出用标识符（AQ）、数据长度（W）及字节的起始地址表示，该区的数据为字（16 位）。在 CPU221 和 CPU222 中，其表示形式为：AQW0，AQW2，…，AQW30，共有 16 个字，总共允许有 16 路模拟量输出；在 CPU224 和 CPU226 中，其表示形式为：AQW0，AQW2，…，AQW62，共有 32 个字，总共允许有 32 路模拟量输出。模拟量输出值为只写数据。

9.1.2　模拟量输入/输出模块技术规范

模拟量输入模块的主要技术规范如表 9-2 所示。模拟量输出模块的主要技术规范如表 9-3 所示。

表 9-2　　　　　　　　　　模拟量输入模块的主要技术规范

项　　目		技术参数
隔离（现场与逻辑电路间）		无
输入信号范围	电压（单极性）	0～10V, 0～5V
	电压（双极性）	±5V，±2.5V
	电流	0～20mA
输入分辨率	电压（单极性）	2.5mV (0～10V 时)
	电压（双极性）	2.5mV (±5V 时)

续表

项 目		技术参数
输入分辨率	电流	5μA（0～20mA 时）
数据字格式	单极性，全量程范围	0～+32 000
	双极性，全量程范围	−32 000～+32 000
直流输入阻抗	电压输入	≥10MΩ
	电流输入	250Ω
精度	单极性	12 位数值位
	双极性	12 位数值位
最大输入电压		30V DC
最大输入电流		32mA
模数转换时间		< 250μs
模拟量输入阶跃响应		1.5ms 达到 95%
共模抑制		40dB，0～60Hz
共模电压		信号电压＋共模电压（必须≤±12V）
24V DC 电压范围		20.4～28.8V DC(或来自 CPU 模块的＋24V 电源)

表 9-3　　　　　　　　　　　模拟量输出模块的主要技术规范

项目		技术参数
隔离（现场与逻辑电路间）		无
输出信号范围	电压输出	±10V
	电流输出	0～20mA
数据字格式	单极性，全量程范围	0～+32 000
	双极性，全量程范围	−3 200～+32 000
分辨率，全量程	电压	12 位数值位
	电流	12 位数值位
精度：最差情况（0℃～55℃）	电压，电流输出	±2%满量程
精度：典型情况（25℃）	电压，电流输出	±0.5%满量程
设置时间	电压输出	100μs
	电流输出	2ms
最大驱动	电压输出	最小 5 000Ω
	电流输出	最大 500Ω
24V DC 电压范围		20.4～28.8V DC(或来自 CPU 模块的＋24V 电源)

9.1.3　S7-200 PLC 模拟量模块和模拟量程序的处理方法

1. EM231 模拟量处理模块

（1）拨码开关的设置

S7-200 的 EM231 为四路模拟量输入模块，可以通过拨码开关 1、2 和 3 设置为不同的测量范围，一个模块只能设置为一种测量范围，每次设置需要重新上电后才能生效。拨码开关的设置如表 9-4 所示。

表 9-4　　　　　　　　　　　　　EM231 拨码开关设置

SW1	SW1	SW1	满量程输入	分辨率
ON	OFF	ON	0～10V	2.5mV
ON	ON	OFF	0～5V	1.25mV
ON	ON	OFF	0～20mA	5μA
OFF	OFF	ON	±5V	2.5mV
OFF	ON	OFF	±2.5V	1.25mV

（2）传感器与模块的接线方法

下面以一个温度变送器与 EM231 模块连接为例，绘制 PLC 模拟量模块的接线方法，如图 9-3 所示。输入阻抗与连接有关：电压测量时，输入是高阻抗，为 10 MΩ；电流测量时，需要将 RX 和 X+ 短接（X 代表 A、B、C、D），阻抗降到 250 Ω。为避免对输入通道的数据造成干扰，不用的通道 X+ 和 X-需要短接在一起。

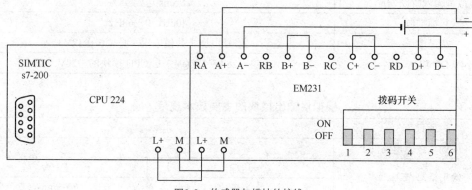

图9-3　传感器与模块的接线

2. 模拟量处理程序编写方法

设有一个 4～20mA 电流型温度变送器，温度检测范围是 0～100℃，连接在 PLC 的 AIW0 通道上。根据 PLC 模拟信号数据的对应关系得出传感器处理方法的表达式为：

$$（通道值-6400）/（32000-6400）=（检测量-测量下限）/（测量上限-检测下限）$$

通道值：整数型数据，模拟信号经 PLC 转换后的值；

检测下限：浮点型数据，传感器的测量范围下限；

检测上限：浮点型数据，传感器的测量范围上限；

检测量：浮点型数据，被测量的实际值。

根据表达式，PLC 程序的编写方法如下。

（1）主程序

4～20mA 电流型变送器为目前使用量最多的模拟信号变送器，不论什么样的检测对象，其程序的处理方法都是一样的，将其做成一个通用的子程序可以方便调用和节省编程时间。当有传感器连接到 PLC 其他输入通道时，只需要更改通道地址和检测量输出值的存储地址。模拟量处理 PLC 主程序如图 9-4 所示。

（2）模拟量处理子程序

模拟量处理子程序采用局部变量寄存器来存储中间运算结果，不占用实际的存储空间，有利于节省存储空间，增强程序的可移植性。模拟量处理子程序局部变量表如图 9-5 所示。

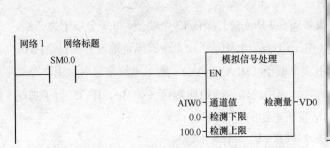

	符号	变量类型	数据类型	注释
	EN	IN	BOOL	
LW0	通道值	IN	INT	
LD2	检测下限	IN	REAL	
LD6	检测上限	IN	REAL	
		IN_OUT		
LD10	检测量	OUT	REAL	
LW14	中间运算值1	TEMP	INT	
LD16	中间运算值2	TEMP	DINT	
LD20	中间运算值3	TEMP	REAL	
LD24	中间运算值4	TEMP	REAL	
LD28	中间运算值5	TEMP	REAL	
LD32	中间运算值6	TEMP	REAL	

图9-4　主程序　　　　　　　　　　　　图9-5　子程序局部变量表

　　按照模拟量处理对应关系的表达式编写子程序，在程序编写过程中会涉及整数和浮点数运算，PLC 对数据类型要求很严格，只有相同种类的数据才能做运算，这样在编写程序时需要将整数先转化成双整数，再由双整数转换为浮点数，最后都以浮点数来做运算。模拟量处理子程序如图 9-6 所示。

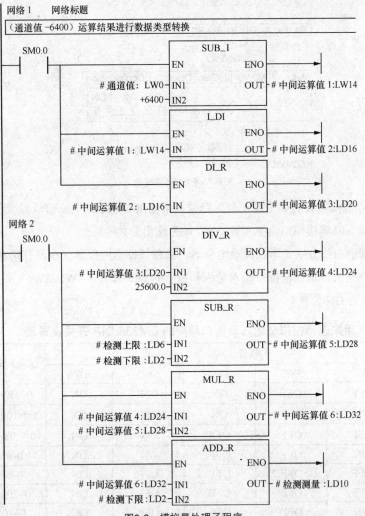

图9-6　模拟量处理子程序

9.1.4　模拟量输入/输出模块 EM235 的设置与使用

1. EM235 的设置

模拟量输入/输出模块 EM235 的外部接线如图 9-7 所示。上部有 12 个端子，每 3 个端子为一组，共 4 组，每组可作为 1 路模拟量的输入通道（电压信号或电流信号），4 路模拟量地址分别是 AIW0、AIW2、AIW4 和 AIW6。输入电压信号时，用 2 个端子（如 A+、A-）。输入电流信号时，用 3 个端子（如 RC、C+、C-），其中 RC 与 C+端子短接。未用的输入通道应短接（如 B+、B-）。为了抑制共模干扰，信号的负端要连接到扩展模块 24V 直流电源的 M 端子。

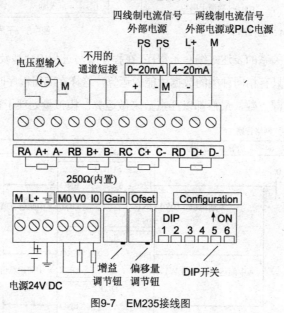

图9-7　EM235接线图

EM235 下部电源端右边的 3 个端子是 1 路模拟量输出（电压或电流信号），地址是 AQW0。V0 端接模拟电压负载，I0 端接模拟电流负载，M0 端为输出公共端。

模拟量输出端的右边分别是增益校准电位器、偏移量校准电位器（在没有精密仪器情况下，请不要调整）和 DIP 开关。选择模拟量输入量程和精度的 DIP 开关（SW1~SW6）设置如表 9-5 所示。DIP 开关向上拨动为 ON 位置。

表 9-5　　用来选择模拟量输入量程和精度的 EM235 DIP 开关设置表

单极性						满量程输入	分辨率
SW1	SW2	SW3	SW4	SW5	SW6		
ON	OFF	OFF	ON	OFF	ON	0~50mV	12.5μV
OFF	ON	OFF	ON	OFF	ON	0~100mV	25μV
ON	OFF	OFF	OFF	ON	ON	0~500mV	125μV
OFF	ON	OFF	OFF	ON	ON	0~1V	250μV
ON	OFF	OFF	OFF	OFF	ON	0~5V	1.25μV
ON	OFF	OFF	OFF	OFF	ON	0~20mA	5μA
OFF	ON	OFF	OFF	OFF	ON	0~10V	2.5mV

续表

| | | 双极性 | | | | 满量程输入 | 分辨率 |
SW1	SW2	SW3	SW4	SW5	SW6		
ON	OFF	OFF	ON	OFF	OFF	±25mV	12.5μV
OFF	ON	OFF	ON	OFF	OFF	±50mV	25μV
OFF	OFF	ON	ON	OFF	OFF	±100mV	50μV
ON	OFF	OFF	OFF	ON	OFF	±250mV	125μV
OFF	ON	OFF	OFF	ON	OFF	±500mV	250μV
OFF	OFF	ON	OFF	ON	OFF	±1V	500μV
ON	OFF	OFF	OFF	OFF	OFF	±2.5V	1.25mV
OFF	ON	OFF	OFF	OFF	OFF	±5V	2.5mV
OFF	OFF	ON	OFF	OFF	OFF	±10V	5mV

2. EM235 模拟量输出功能的测定

（1）测试内容

使用 EM235（或 EM232）将给定的数字量转换为模拟电压输出，用数字万用表测量并记录输出电压值，分析数字量与输出电压的对应关系。例如：

① 将正数 2 000，4 000，8 000，16 000，32 000 转换为对应的模拟电压值；

② 将负数 −2 000，−4 000，−8 000，−16 000，−32 000 转换为对应的模拟电压值。

（2）操作方法与步骤

① 连接 CPU 模块与模拟量输出模块。用 10 芯扁平电缆连接 CPU 226 与 EM235，用 PLC 的 24V 直流电源为 EM235 供电。接通 PLC 电源，EM235 的 +24V 电源指示灯亮。

② 编写并下载输入正数的 PLC 程序。PLC 程序如图 9-8 所示，开机时常数 +2 000 传送到 VW0。每当 I0.0 接通一次时，VW0 做乘 2 运算，运算结果从 AQW0 输出。

③ 连接测量电路。数字万用表的表笔连接 EM235 的模拟电压输出端 V0 和 M0，选择直流电压挡位 20V 量程。当按钮 I0.0 每接通一次时，测量输出电压值并填入表 9-6 中。若 VW0 数值大于 32 000，模拟量电压值应保持 10V 不变。

表 9-6　　　　　　　　　　输出正的模拟电压值

VW0 数据	2 000	4 000	8 000	16 000	32 000
模拟电压理论值/V	0.625	1.25	2.50	5.00	10.00
模拟电压测量值/V					

④ 修改并下载输入负数的 PLC 程序。PLC 程序如图 9-8 所示，在程序网络 1 中，将传送数据 +2 000 修改为 −2 000。测量方法同③，测量结果填入表 9-7 中。

表 9-7　　　　　　　　　　输出正的模拟电压值

VW0 数据	−2 000	−4 000	−8 000	−16 000	−32 000
模拟电压理论值/V	−0.625	−1.25	−2.50	−5.00	−10.00
模拟电压测量值/V					

（3）分析测量结果

根据测量结果做出给定数字量与输出模拟电压值的关系曲线如图 9-9 所示。可以看出，在 −32 000～+32 000 范围内，数字量与模拟电压值呈线性正比关系。当数字量为正数时，模拟电压为正值；当数字量为负数时，模拟电压为负值。

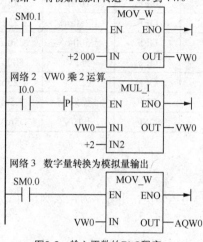

图9-8　输入正数的PLC程序

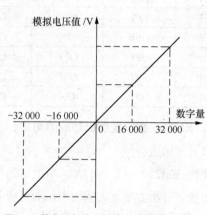

图9-9　数字量与输出模拟电压值的关系曲线

3. EM235 模拟量输入功能的测定

（1）测试内容

使用 EM235（或 EM231）将输入模拟电压转换为数字量存入 VW0，并且分析模拟电压值与数字量的对应关系。

（2）操作步骤

① 选择模拟量输入量程与精度。EM235 的 DIP 开关 SW1～SW6 设置为 010001 状态，选择输入电压量程 0～10V，分辨率 2.5mV。

② 连接 CPU 模块与模拟量输入模块。用 10 芯扁平电缆连接 CPU226 与 EM235，用 PLC 的 24V 直流电源为 EM235 供电。接通 PLC 电源，EM235 的＋24V 电源指示灯亮。

③ 编写 PLC 程序。PLC 程序如图 9-10 所示，SM0.0 在程序运行时保持接通，读取模拟量输入 AIW0 中的数字量并传送到变量寄存器 VW0。

④ 测量干电池的电压值，填入表 9-8 中。

⑤ 将两个干电池分别按极性接入模拟电压第 1 个输入通道 A+、A−端，从 PLC 的状态监控表中读出 AIW0 和 VW0 中寄存的数字量，填入表 9-8 中。

表 9-8   输入模拟电压与对应的数字量

笔者测试	电池电压（V）	1.59	9.71
	数字量 AIW0、VW0	5 103	31 176
读者测试	电池电压（V）		
	数字量 AIW0、VW0		

（3）分析测量结果

根据测量结果做出输入模拟电压值与数字量的关系曲线如图 9-11 所示。可以看出，输入模拟电压值与数字量之间在一定范围内呈线性正比关系，并根据比例关系可以推出，当模拟电压值为 0～10V 时，数字量为 0～32 000。

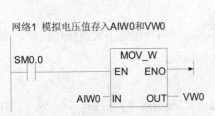

图9-10　测试模拟量输入模块功能的程序

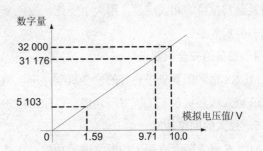

图9-11　输入模拟电压值与数字量关系曲线

－32 000～+32 000 范围内，数字量与模拟电压值成线性正比关系。当数字量为正时，模拟电压为正值；当数字量为负数时，模拟电压为负值。

9.2　S7-200 PLC 与触摸屏的连接

触摸屏（Touch Screen）又称为"触控屏""触控面板"，是一种可接收触头等输入信号的感应式液晶显示装置。当接触了屏幕上的图形按钮时，屏幕上的触觉反馈系统可驱动各种连接装置。触摸屏可用以取代机械式的按钮面板，并借由液晶显示画面制造出生动的影音效果。触摸屏作为一种最新的计算机输入设备，是目前最简单、方便、自然的一种人机交互方式。触摸屏主要应用于公共信息的查询、办公、工业控制、军事指挥、电子游戏、点歌点菜、多媒体教学等。

昆仑通态公司的 TPC 系列触摸屏，是以嵌入式低功耗 CPU 为核心的高性能嵌入式一体化触摸屏。MCGS 嵌入版组态环境运行于具备良好人机界面的 Windows 操作系统上，以其容量小、速度快、成本低、稳定性高、功能强大、通信方便、操作简便、支持多种设备的优点在工业控制领域得到了广泛的应用。

9.2.1　MCGS 嵌入版组态软件介绍

MCGS 嵌入版组态软件的主要功能如下。

1. 简单灵活的可视化操作界面

MCGS 嵌入版采用全中文、可视化、面向窗口的开发界面，符合中国人的使用习惯和要求。以窗口为单位，构造用户运行系统的图形界面，使得 MCGS 嵌入版的组态工作既简单直观，又灵活多变。

2. 实时性强、有良好的并行处理性能

MCGS 嵌入版充分利用了 32 位 Windows CE 操作平台的多任务、按优先级分时操作的功能，以

线程为单位对在工程作业中实时性强的关键任务和实时性不强的非关键任务进行分时并行处理，使嵌入式 PC 广泛应用于工程测控领域成为可能。

3. 丰富、生动的多媒体画面

MCGS 嵌入版以图像、图符、报表、曲线等多种形式，为操作员及时提供系统运行中的状态、品质及异常报警等相关信息；用大小变化、颜色变化、明暗闪烁、移动翻转等多种手段，增强画面的动态显示效果。

4. 完善的安全机制

MCGS 嵌入版提供了良好的安全机制，可以为多个不同级别用户设定不同的操作权限。此外，MCGS 嵌入版还提供了工程密码功能，以保护组态开发者的成果。

5. 强大的网络功能

MCGS 嵌入版具有强大的网络通信功能，支持串口通信、Modem 串口通信、以太网 TCP/IP 通信，不仅可以方便快捷的实现远程数据传输，还可以与网络版相结合通过 Web 浏览功能，在整个企业范围内浏览监测到所有生产信息，实现设备管理和企业管理的集成。

6. 多样化的报警功能

MCGS 嵌入版提供多种不同的报警方式，具有丰富的报警类型，方便用户进行报警设置，为工业现场安全可靠地生产运行提供有力的保障。

7. 实时数据库为用户分步组态提供极大方便

实时数据库是一个数据处理中心，是系统各个部分及其各种功能性构件的公用数据区，是整个系统的核心,各个部件独立地向实时数据库输入和输出数据，并完成自己的差错控制。

8. 支持多种硬件设备

MCGS 嵌入版针对多种外部设备设立了设备工具箱，定义多种设备构件，建立系统与外部设备的连接关系，赋予相关的属性，实现对外部设备的驱动和控制。

9. 方便控制复杂的运行流程

MCGS 嵌入版开辟了"运行策略"窗口，用户可以选用系统提供的各种条件和功能的策略构件，用图形化的方法和简单的类 Basic 语言构造多分支的应用程序。

10. 良好的可维护性

总之，MCGS 嵌入版组态软件具有强大的功能，并且操作简单，易学易用，普通工程人员经过短时间的培训就能迅速掌握多数工程项目的设计和运行操作。同时使用 MCGS 嵌入版组态软件能够避开复杂的嵌入版计算机软、硬件问题，而将精力集中于解决工程问题本身，根据工程作业的需要和特点，组态配置出高性能、高可靠性和高度专业化的工业控制监控系统。

9.2.2　MCGS 嵌入版组态软件的体系结构

1. MCGS 嵌入版系统的构成

MCGS 嵌入式体系结构分为组态环境、模拟运行环境和运行环境 3 部分。嵌入式的体系结构如图 9-12 所示。

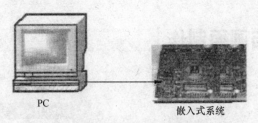

图9-12　MCGS嵌入式体系结构

　　组态环境和模拟运行环境相当于一套完整的工具软件，在 PC 上运行。用户可根据实际需要修改其中内容。组态环境和模拟运行环境用来帮助用户设计和构造自己的组态工程并进行功能测试。

　　运行环境则是一个独立的运行系统，它按照组态工程中用户指定的方式进行各种处理，完成用户组态设计的目标和功能。运行环境本身没有任何意义，必须与组态工程一起作为一个整体，才能构成用户应用系统。一旦组态工作完成，并且将组态好的工程通过串口或以太网下载到下位机的运行环境中，组态工程就可以离开组态环境而独立运行在下位机上。从而实现了控制系统的可靠性、实时性、确定性和安全性。

2. MCGS 嵌入版组态软件组成部分的功能

　　由 MCGS 嵌入版生成的用户应用系统，其结构由主控窗口、设备窗口、用户窗口、实时数据库和运行策略五个部分构成，如图 9-13 所示。

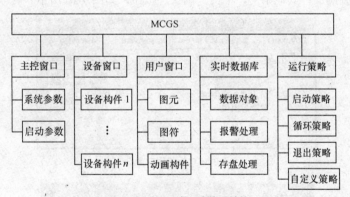

图9-13　MCGS嵌入式体系结构

　　窗口是屏幕中的一块空间，是一个"容器"，直接提供给用户使用。在窗口内，用户可以放置不同的构件，创建图形对象并调整画面的布局，组态配置不同的参数以完成不同的功能。在 MCGS 嵌入版中，每个应用系统只能有一个主控窗口和一个设备窗口，但可以有多个用户窗口和多个运行策略，实时数据库中也可以有多个数据对象。MCGS 嵌入版用主控窗口、设备窗口和用户窗口来构成一个应用系统的人机交互图形界面，组态配置各种不同类型和功能的对象或构件，同时可以对实时数据进行可视化处理。

　　本节以 MCGS 触摸屏和 S7-200PLC 组成的三相异步电动机正反转运行监控系统为例，叙述触摸屏画面制作、外部设备定义和变量连接方法。

9.3   创建工程与画面制作

9.3.1   创建工程

创建工程的步骤如下。

（1）选择"文件"/"新建工程"，在新建工程设置对话框选择与硬件一致的类型，此处选为 TPC7062K。背景色可修改，此处选择白色。再按下"确定"。新建工程设置对话框如图 9-14 所示。

（2）选择"文件"菜单中的"工程另存为"菜单项，弹出文件保存窗口。在文件名一栏内输入"三相异步电动机运行监控"，单击"保存"按钮，工程创建完毕。

9.3.2   制作工程画面

1．建立画面

图9-14   新建工程设置对话框

在工作台窗口的"用户窗口"中单击"新建窗口"按钮，建立"窗口 0"，如图 9-15 所示。

选中"窗口 0"，单击"窗口属性"，进入"用户窗口属性设置"。将窗口名称改为：主监控画面；窗口标题改为：监控画面；其他不变，单击"确认"按钮，如图 9-16 所示。

图9-15   新建用户窗口

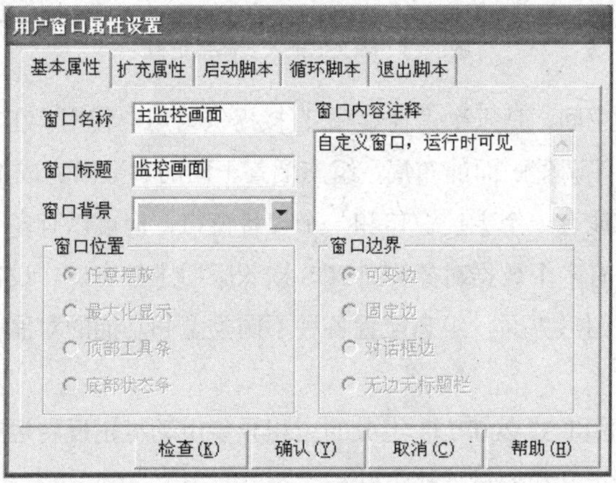

图9-16   用户窗口属性设置

在图 9-17 所示的"用户窗口"中，选中"主监控画面"，单击右键，选择下拉菜单中的"设置为启动窗口"选项，将该窗口设置为运行时自动加载的窗口。

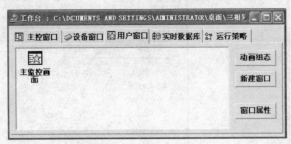

图9-17 已设置好的用户窗口

2. 编辑画面

选中"主监控画面"窗口图标，单击"动画组态"，进入动画组态窗口，开始编辑画面。

（1）制作文字框图

单击图 9-18 所示的"工具条"中的"工具箱"  按钮，打开绘图工具箱，如图 9-19 所示。

图9-18 工具条

选择"工具箱"内的"标签"按钮 A，鼠标的光标呈"十字"形，在窗口顶端中心位置拖拽鼠标，根据需要拉出一个一定大小的矩形。

在光标闪烁位置输入文字"三相异步电动机运行监控系统"，按回车键或在窗口任意位置用鼠标单击一下，文字输入完毕。

选中文字框，做如下设置。

单击工具条上的"填充色"按钮 🎨，设定文字框的背景颜色为：没有填充；

单击工具条上的"线色"按钮 🖊，设置文字框的边线颜色为：没有边线；

单击工具条上的"字符字体"按钮 Aᵃ，设置文字字体为：宋体；字型为：粗体；大小为：26；

单击工具条上的"字符颜色"按钮 🅰，将文字颜色设为：蓝色。

也可以按此方法设置文字框：选中文字框，从右键快捷菜单的属性项进入属性设置对话框，如图 9-20 所示。

（2）制作监控画面

单击绘图工具箱中的"插入元件"图标 🖼，弹出对象元件管理对话框从"马达"类中选取马达27，如图 9-21 所示。

通过工具箱的标签和椭圆绘制工具绘制 3 个标签和 3 个圆，用于指示电机运行的情况，其中正转和翻转标签及所对应的圆采用绿色，停止标签及对应的圆采用红色，电机组态监控动态标签如图 9-22 所示。

图9-19　工具箱

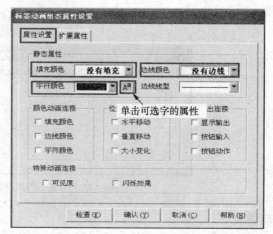

图9-20　文字框属性设置

图9-21　元件库

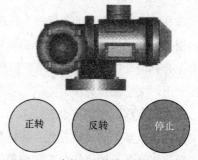

图9-22　电机运行情况指示图标制作

（3）按钮、开关的制作

按钮的制作如下。

选择"工具箱"内的"标准按钮" ▭，鼠标的光标呈"十字"形，在窗口拖拽鼠标，根据需要拉出 3 个大小相同的按钮。双击按钮，在属性设置对话框的基本属性中设置：

抬起时输入文本：正转按钮，背景色：灰色；

按下时输入文本：正转按钮，背景色：绿色。

按钮的属性设置如图 9-23 所示。

其他两个按钮的设置方法相同。按钮制作完成后，选中 3 个按钮，进行对齐排列。工具栏中有各种对齐操作的图标，对齐工具如图 9-24 所示，对齐后的画面如图 9-25 所示。

图9-23　按钮属性设置（抬起时）

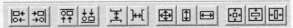

图9-24　对齐工具

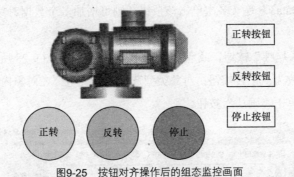

正转按钮

反转按钮

停止按钮

正转　　反转　　停止

图9-25　按钮对齐操作后的组态监控画面

9.4　定义数据对象

实时数据库是 MCGS 嵌入版工程的数据交换和数据处理中心。数据对象是构成实时数据库的基本单元，建立实时数据库的过程也就是定义数据对象的过程。

定义数据对象的内容主要包括：

- 指定数据变量的名称、类型、初始值和数值范围；
- 确定与数据变量存盘相关的参数，如存盘的周期、存盘的时间范围和保存期限等。

在开始定义之前，先对所有数据对象进行分析。在本工程中需要用到的数据对象如表 9-9 所示，由于 PLC 的输入映像寄存器 I 是实际的外部输入，只接受外部输入端口信号，表中的控制按钮对应的 PLC 寄存器不能再使用 I 作为控制连接的对象，一般可以用 M、V 或者其他的触摸屏支持读写的寄存器。

表 9-9　　　　　　　　　　　　数据对象表

对象名称	类型	注释	PLC 的寄存器分配
正转按钮	开关型	电机正转启动控制	M0.0
反转按钮	开关型	电机反转启动控制	M0.1
停止按钮	开关型	电机停止控制	M0.2
电机正转	开关型	电机正转状态指示	Q0.0
电机反转	开关型	电机反转状态指示	Q0.1

下面以数据对象"正转按钮"为例，介绍定义数据对象的步骤。

单击工作台中的"实时数据库"窗口标签，进入实时数据库窗口页，如图 9-26 所示。

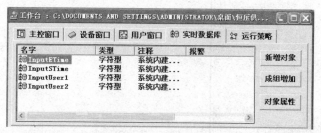

图9-26　实时数据库窗口

单击"新增对象" 按钮，在窗口的数据对象列表中，增加新的数据对象，系统默认定义的名称为"Data1""Data2""Data3"等（多次单击该按钮，则可增加多个数据对象），新增数据对象窗口如图 9-27 所示。

选中对象，按"对象属性"按钮，或双击选中对象，则打开如图 9-28 所示的"数据对象属性设置"窗口。将对象名称改为：正转按钮；对象类型选择：开关型；在对象内容注释输入框内输入："电机正转启动控制"，单击"确认"按钮。

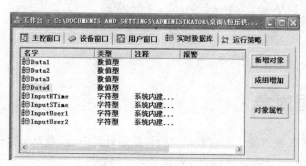

图9-27　新增数据对象窗口

按照此步骤，根据上面列表，设置其监控系统所需的其他数据对象，如图 9-29 所示。

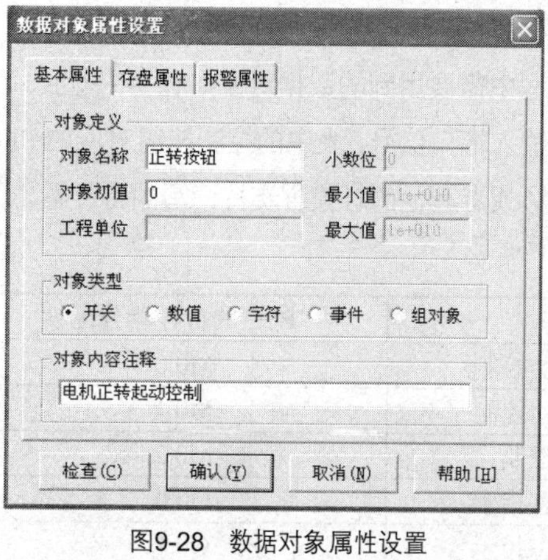

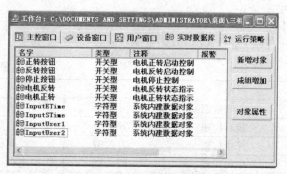

图9-28　数据对象属性设置

图9-29　系统数据对象设置

9.5 外部设备连接

在"设备窗口"中双击"设备窗口"图标进入设备组态窗口。单击工具条中的"工具箱" 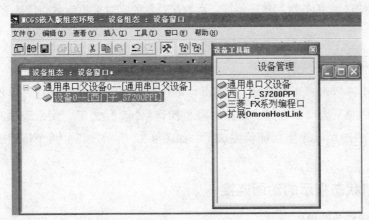 图标，打开"设备工具箱"。将设备工具箱中的"通用串口父设备"和"西门子_S7200PPI"添加到设备组态窗口，如图 9-30 所示。

图9-30 设备组态窗口

选中设备 0，单击右键，从快捷菜单中的属性进入设备编辑窗口，用"删除设备通道"按钮删除掉不需要的通道，用"添加设备通道"按钮重新添加需要的通道并连接变量，如图 9-31 所示。3个控制按钮连接的变量属性为只读，代表电机正反转的两个变量状态为只写。注意设备编辑窗口左侧"设备地址"属性设置一定要和连接的 PLC 一致。

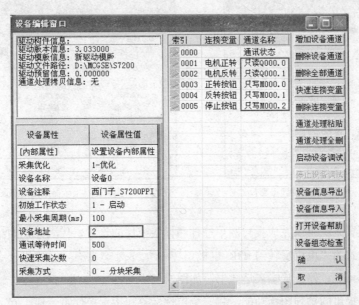

图9-31 设备编辑窗口

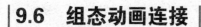

9.6　组态动画连接

由图形对象搭制而成的图形画面是静止不动的，需要对这些图形对象进行动画设计，真实地描述外界对象的状态变化，达到过程实时监控的目的。MCGS 嵌入版实现图形动画设计的主要方法是将用户窗口中图形对象与实时数据库中的数据对象建立相关性连接，并设置相应的动画属性。在系统运行过程中，图形对象的外观和状态特征，由数据对象的实时采集值驱动，从而实现了图形的动画效果。

9.6.1　按钮的动画连接

在用户窗口中，双击"正转按钮"，弹出标准按钮构件属性设置窗口。单击"操作属性"标签，在"抬起功能"选项下选择"数据对象值操作""按 1 松 0"，变量连接对象为"正转按钮"，这样正转按钮的动画连接功能就完成了，如图 9-32 所示，其余两个按钮的动画连接方法相同。

9.6.2　电机状态指示的动画连接

1. 指示控件的动画连接

在用户窗口中，双击代表正转的绿色圆形控件，弹出动画组态属性设置窗口，勾选"特殊动画连接"中的"可见度"选项，如图 9-33 所示。

在"可见度"对话框中书写表达式"电机正转=1"，即"电机正转"变量值为 1 时，圆形控件可见，为 0 时隐藏，正转状态表达式书写如图 9-34 所示。

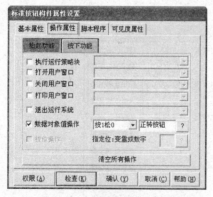

图9-32　选择开关动画连接窗口

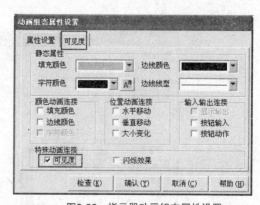

图9-33　指示器动画组态属性设置

使用相同的设置方法可以完成反转圆形控件和标签控件的设置，代表停止的红色圆形控件和标签控件可见度表达为"电机反转=1 OR 电机正转=1"，表示只要有一台电机处于运行状态，停止状态的对应图符不可见，停止状态表达式书写如图 9-35 所示。

使用组态软件提供的排列图标功能，将三个控件标签和指示控件重合在一起，平移到电机图标上，电机监控组态图标如图 9-36 所示。

图9-34 正转状态"可见度"属性的表达式　　　图9-35 停止状态"可见度"属性的表达式

2. 电机的动画连接

组态软件的元件库提供的各种马达都自带运行状态指示图标，系统运行时可通过指示图标反映电机的运行状态。双击组态画面的马达图标，在弹出的"单元属性设置"对话框中进行动画连接设置和状态指示颜色设置，设置方法如图 9-37 所示。

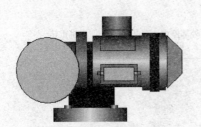

图9-36 电机监控组态图标

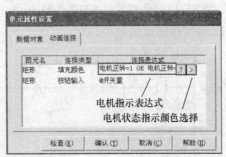

图9-37 电机的单元属性设置

9.7 PLC 编程及调试

1. PLC 的 I/O 分配

为保证电机正反转控制系统操控的灵活性，一般要求电机既可以通过触摸屏控制也可以通过外部按钮控制，控制系统的 I/O 分配如表 9-10 所示。

表 9-10　　　　　　　　　　监控系统的 I/O 分配表

输入部分		输出部分	
外部正转按钮	I0.0	电机正转	Q0.0
外部反转按钮	I0.1	电机反转	Q0.1
外部停止按钮	I0.2		
组态正转启动	M0.0		
组态反转启动	M0.1		
组态停止	M0.2		

2. PLC、触摸屏的接线

MCGS 触摸屏通过 PC/PPI 编程电缆连接到 S7-200 PLC 的编程口上，连接方法如图 9-38 所示。

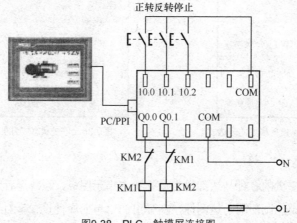

图9-38　PLC、触摸屏连接图

3. PLC 程序

利用西门子 PLC 编程软件 STEP 7-Micro/WIN V4.0 编写 PLC 梯形图如图 9-39 所示。梯形图编写完成后，将其传送到 PLC 中。

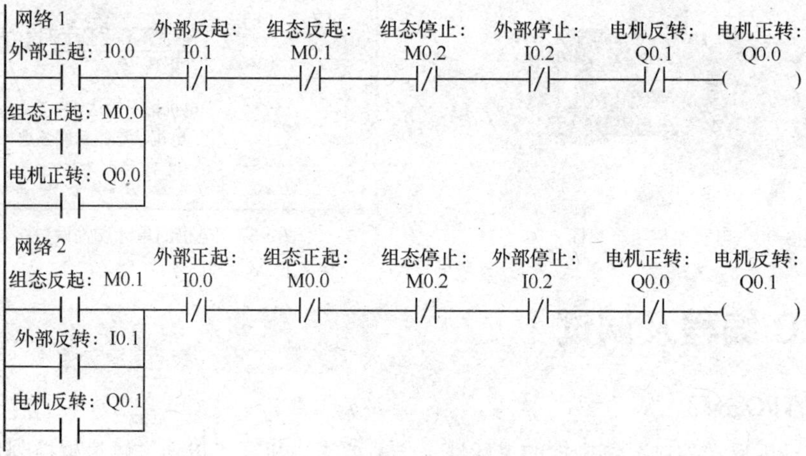

图9-39　电机正反转梯形图

4. 调试

MCGS 嵌入版组态软件包括组态环境、运行环境、模拟运行环境 3 部分。组态环境和模拟运行环境运行在上位机中；运行环境安装在下位机中。组态环境是用户组态工程的平台。模拟运行环境可以在 PC 上模拟工程的运行情况，用户可以不必连接下位机，对工程进行检查。运行环境是下位机真正的运行环境。

组态好一个工程后，可以在上位机的模拟运行环境中试运行，以检查是否符合组态要求。也可以将工程下载到下位机中，在实际环境中运行。

（1）工程模拟运行操作步骤如下。

① 在组态环境下选择工具菜单中的下载配置，将弹出下载配置对话框，如图 9-40 所示。

② 打开下载配置窗口，选择"模拟运行"。

③ 单击"通讯测试"，测试通信是否正常。如果通信成功，在返回信息框中将提示"通讯测试正常"。同时弹出模拟运行环境窗口，此窗口打开后，将以最小化形式，在任务栏中显示。如果通信失败将在返回信息框中提示"通信测试失败"。

④ 单击"工程下载"，将工程下载到模拟运行环境中。如果工程正常下载，将提示"工程下载成功！"。

⑤ 单击"启动运行"，模拟运行环境启动，模拟环境最大化显示，即可看到工程正在运行。

⑥ 单击下载配置中的"停止运行"按钮，或者模拟运行环境窗口中的停止按钮■，工程停止运行；单击模拟运行环境窗口中的关闭按钮×，窗口关闭。

（2）工程连机运行步骤如下。

① 选好连接方式。

② 单击"通讯测试"，测试通讯是否正常。

③ 单击"工程下载"，将工程下载到实际硬件的 MCGS 运行环境中。

④ 单击"连机运行"。

（3）组态监控系统调试步骤如下所述。

① 检查各部分的连接导线是否正确。

② 按下触摸屏上电机正转"软"按钮，观察电机转动方向；观察转盘是否显示"正转"标签以及是否变为绿色。再按反转"软"按钮，观察电机组态变化情况。

③ 按停止"软"按钮，观察电机是否停止转动，相应的转动标签和电机指示标志是否都为红色。

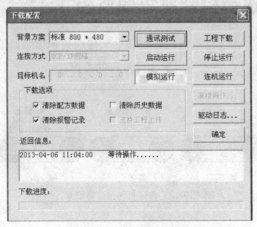

图9-40　下载配置对话框

9-1　MCGS 嵌入版的用户应用系统由哪 5 个部分组成，各有什么作用？

9-2　MCGS 嵌入版组态脚本程序数据类型有几种，对应的数据长度和数据范围各是多少？

9-3   MCGS 如何与 S7-200 PLC 进行连接，简要叙述连接步骤。

9-4   MCGS 嵌入版组态软件包括哪三部分环境？哪个环境运行在上位机中？哪个环境安装在下位机中？

9-5   利用西门子 S7-200PLC 和 MCGS 嵌入版组态软件组建一套交通灯监控系统，通过触摸屏实现系统的启动和停止，并实时显示交通灯的运行状态，交通灯运行时序图如图 9-41 所示。

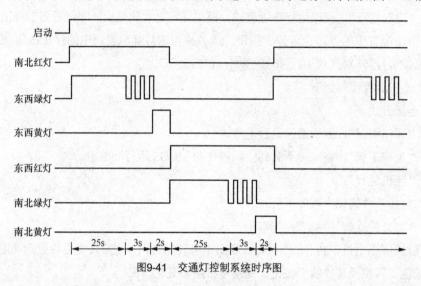

图9-41   交通灯控制系统时序图

实训课题6   传送带控制系统的监控

某车间传送带分为 3 段，由 3 台电动机分别驱动。传送带和传感器的安装位置如图 9-42 所示，采用触摸屏软件监控技术和 PLC 技术实现对生产过程的监控。

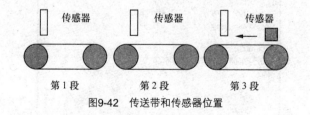

图9-42   传送带和传感器位置

1. 控制要求

传送带旁边的传感器可以检测物品的存在，传送带动作如下。

系统按下启动按钮后，第 3 段传送带一直运转，第 2 段传送带由 3 号传感器启动，由 2 号传感器停止，第 1 段传送带由 2 号传感器启动，由 1 号传感器停止。一个工作循环是：启动第 3 段传送带，物品被 3 号传感器检测，启动第 2 段传送带，物品被 2 号传感器检测，启动第 1 段传送带，同时延时 5 秒后停止第 2 段传送带，在物品 1 被 1 号传感器检测到 5 秒后，将第 1 段电机停止，随后进入下一个循环，等待 3 号传感器检测物品，如果连续 5 分钟没有检测到物品，系统停止工作。PLC

I/O 分配如表 9-11 所示。

表 9-11　　　　　　　　　　传送带控制系统 I/O 分配表

地址	名称	地址	名称
I0.0	启动按钮	I0.4	3 号传感器
I0.1	停止按钮	Q0.0	第 1 段
I0.2	1 号传感器	Q0.1	第 2 段
I0.3	2 号传感器	Q0.2	第 3 段

2. 程序设计

传送带控制系统的监控梯形图如图 9-37 所示。

3. 调试步骤

（1）制作监控画面如图 9-42 所示。

（2）定义组态监控变量并作动画连接。

（3）启动 STEP 7-Micro/ WIN，将图 9-43 所示的程序录入并下载到 PLC 主机中。

（4）使 PLC 进入运行状态。

（5）程序调试。在运行状态下，用接在 PLC 输入端的各开关 I0.0、I0.1 的通/断状态来观察触摸屏画面的动画情况，同时观察 PLC 的输出端子 Q0.0～Q0.2 所对应的 LED 状态变化是否符合控制要求。

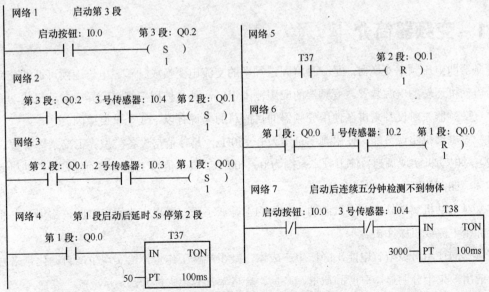

图9-43　传送带控制系统的监控梯形图

第10章

PLC 在变频控制系统中的应用

变频器是现代常用的一种电力控制设备，它能够实现对交流异步电机的软启动、变频调速、过流/过压/过载保护等多种功能。随着工业自动化程度不断提高，变频器在冶金、矿山、造纸、化工、建材、机械、电力以及建筑等领域得到了极为广泛的应用。变频器常与 PLC 等智能控制设备一起，构成自动化控制的核心，实现对设备的自动控制。本章主要以西门子 MM440 为例，介绍 PLC 与变频器组合在一起的应用方法。

10.1 变频器简介

变频器即电压频率变换器，是一种将固定频率的交流电变换成频率、电压连续可调的交流电，以供给电动机运转的电源装置。变频器的应用范围很广，凡是使用三相交流异步电动机传动的地方都可装置变频器，对设备来讲，使用变频器的目的总的来说有以下 3 个重要原因。

（1）对电动机实现节能。使用频率范围为 0～50Hz，具体值与设备类型、工况条件有关。

（2）对电动机实现调速。使用频率范围为 0～400Hz，具体值按工艺要求而定，受电动机允许最大工作频率的制约。

（3）对电动机实现软启动、软制动。频率的上升或下降，可以人为设定时间，实现起、制动平滑、无冲击电流或机械冲击。

变频器的使用可以节省电能，降低生产成本，减少维修工作量，给实现生产自动化带来方便和好处，应用效果十分明显，对产品质量、产量、合格率都有很大提升。

我国变频器应用始于 20 世纪 80 年代末，由于变频器优良的性能及节电效果，使用量在不断递增，尤其是我国正处于经济快速发展时期，节能减耗，降低成本成为一个迫切的要求，因此变频器的应用前景十分乐观。目前共有 100 多个品牌的变频器在国内市场上销售，其中国厂家约有 60 家、日本约 20 家、韩国 3 家、欧美近 30 家。

　　近年来变频器技术上的进步尤为显著，功能非常强大，除了具有转矩提升、转差补偿、转矩限定、直流制动、多段速设定、S 形运行、频率跳跃、瞬时停电自动再启动、重试等功能外，还有直接转矩控制、低干扰控制、通信功能等，变频器的容量也越来越大。总体上来说，许多变频器在功能上基本相同，各有千秋。例如：日本变频器年代早、产量大、可靠性高、设计细化；西门子变频器范围大、电压等级多、功能多；欧洲变频器不但有通信功能，而且有通信协议。

10.2　西门子变频器 MM440

　　变频器 MM440 系列（Micro Master440）是德国西门子公司广泛应用与工业场合的多功能标准变频器。它采用高性能的矢量控制技术，提供低速高转矩输出和良好的动态特性，同时具备超强的过载能力，以满足广泛的应用场合。对于变频器的应用，必须首先熟练对变频器面板的操作，以及根据实际应用，对变频器的各种功能参数进行设置。

　　现以西门子公司的 MM440 变频器为例来简单讲解 PLC 与变频器的联合控制方法。

10.2.1　西门子变频器的基本操作面板

　　利用变频器的操作面板和相关参数设置，即可实现对变频器的某些基本操作，如正反转、点动等运行。MM440 变频器有两种操作面板：基本操作面板 BOP、高级操作板 AOP，基本操作面板如图 10-1 所示。基本操作面板各按键所代表的功能如表 10-1 所示。

图10-1　BOP基本操作面板

表 10-1　　　　　　　　　　　BOP 基本操作面板上的按钮功能

显示/按钮	功能	功能的说明
r0000	状态显示	LCD 显示变频器当前的设定值
（I）	启动变频器	按此键启动变频器。默认值运行时此键是被封锁的。为了使此键的操作有效，应设定 P0700=1
（0）	停止变频器	OFF1：按此键，变频器将按选定的斜坡下降速率减速停车。为了允许此键操作，应设定 P0700=1。OFF2：按此键两次（或一次，但时间较长）电动机将在惯性作用下自由停车。此功能总是"使能"的
（⟳）	改变电动机的转动方向	按此键可以改变电动机的转动方向。默认值运行时此键是被封锁的，为了使此键的操作有效，应设定 P0700=1
（jog）	电动机点动	在变频器无输出的情况下按此键，将使电动机启动，并按预设定的点动频率运行。释放此键时，变频器停车
（Fn）	功能	此键用于浏览辅助信息 变频器运行过程中，在显示任何一个参数时按下此键并保持不动 2s，将轮流显示直流回路电压、输出电流、输出频率、输出电压
（P）	访问参数	按此键即可访问参数
（▲）	增加数值	按此键即可增加面板上显示的参数数值
（▼）	减少数值	按此键即可减少面板上显示的参数数值

用基本操作面板(BOP)可以修改任何一个参数。修改参数的数值时，BOP 有时会显示"busy"，表明变频器正忙于处理优先级更高的任务。在默认设置时，用 BOP 控制电动机的功能是被禁止的。如果要用 BOP 进行控制，需要将参数设置为 P0700=1，P1000=1。下面就以设置 P1000=1 的过程为例，来介绍通过基本操作面板(BOP)修改设置参数的流程，如表 10-2 所示。

表 10-2　　　　　　　　　　**基本操作面板（BOP）修改设置参数流程**

	操作步骤	BOP 显示结果
1	按 🅿 键，访问参数	r0000
2	按 ⬆ 键，直到显示 P1000	P1000
3	按 🅿 键，直到显示 in000，即 P1000 的第 0 组值	in000
4	按 🅿 键，显示当前值 2	2
5	按 ⬇ 键，达到所要求的值 1	1
6	按 🅿 键，存储当前设置	P1000
7	按 🅵🅽 键，显示 r0000	r0000
8	按 🅿 键，显示频率	50.00

10.2.2　通过基本操作面板控制电机运行

通过变频器操作面板设置可实现对电动机的启动、正反转、点动、调速控制。

1. 变频器与电机的连接

MM440 变频器与电机接线如图 10-2 所示，检查电路正确无误后，合上主电源开关 QS。

2. 参数设置

（1）恢复出厂值设置：设定 P0010=30 和 P0970=1，按下 P 键，开始复位，复位过程大约 3min，这样就可保证变频器的参数恢复到工厂默认值。

（2）设置电动机参数：为使电动机与变频器相匹配，需要设置电动机参数。参数设置值可从电机的铭牌上读取，具体值会因电机而不同，电动机参数设置如表 10-3 所示。电动机参数设定完成后，设 P0010=0，变频器当前处于准备状态，可正常运行。

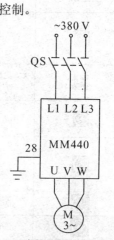

图10-2　变频器与电动机的接线

表 10-3　　　　　　　　　　　　　　　　电动机参数设置

参数号	出厂值	设置值	说明
P0003	1	1	设定用户访问级为标准级
P0010	0	1	快速调试
P0100	0	0	功率以 kW 表示，频率为 50Hz
P0304	230	380	电动机额定电压（V）
P0305	3.25	3.7	电动机额定电流（A）
P0307	0.75	1.5	电动机额定功率（kW）
P0310	50	50	电动机额定频率（Hz）
P0311	0	1400	电动机额定转速（r/min）

（3）设置面板操作控制参数，如表 10-4 所示。

表 10-4　　　　　　　　　　　　　　面板基本操作控制参数

参数号	出厂值	设置值	说明
P0003	1	1	设用户访问级为标准级
P0010	0	0	正确地进行运行命令的初始化
P0004	0	7	命令和数字 I/O
P0700	2	1	由键盘输入设定值（选择命令源）
P0003	1	1	设用户访问级为标准级
P0004	0	10	设定值通道和斜坡函数发生器
P1000	2	1	由键盘（电动电位计）输入设定值
P1080	0	0	电动机运行的最低频率(Hz)
P1082	50	50	电动机运行的最高频率(Hz)
P0003	1	2	设用户访问级为扩展级
P0004	0	10	设定值通道和斜坡函数发生器
P1040	5	20	设定键盘控制的频率值(Hz)
P1058	5	10	正向点动频率(Hz)
P1059	5	10	反向点动频率(Hz)
P1060	10	5	点动斜坡上升时间（s）
P1061	10	5	点动斜坡下降时间（s）

3. 变频器运行操作

（1）变频器启动：在变频器的前操作面板上按运行键，变频器将驱动电动机升速，并运行在由 P1040 所设定的 20Hz 频率对应的转速上。

（2）正反转及加减速运行：电动机的转速（运行频率）及旋转方向可直接通过按前操作面板上的▲键/▼键来改变。

（3）点动运行：按下变频器前操作面板上的点动键，则变频器驱动电动机升速，并运行在由 P1058 所设置的正向点动 10Hz 频率值上。当松开变频器面板上的点动键，则变频器将驱动电动机降

速至零。这时，如果按下变频器前操作面板上的换向键，在重复上述的点动运行操作，电动机可在变频器的驱动下反向点动运行。

（4）电动机停车：在变频器的前操作面板上按停止键 ⊚，则变频器将驱动电动机降速至零。

10.3 PLC 与变频器的应用

10.3.1 PLC 与变频器在料车控制系统中的应用

冶金行业的高楼上料设备中，料车的速度运行曲线如图 10-3 所示。图中 OA 段为料车启动后以等加速度加速到最大速度的加速段，加速时间为 6s；AB 段是高速运行段，运行频率为 50Hz；BC 段为料车减速段，减速到 25Hz 后稳定运行，BC 和 CD 段料车共运行时间 25s；DE 段为料车减速段，减速到 10Hz 后稳定运行；DE 和 EF 段为料车低速运行段，运行时间 20s，时间到了减速停车，料车停止运行。料车从最大运行频率减速到 0 的减速时间为 6s。

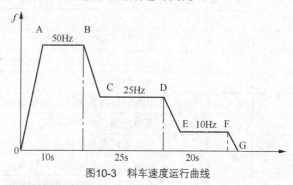

图10-3 料车速度运行曲线

1. MM440 变频器的多段速控制功能及参数设置

根据工艺上的要求，料车能在不同的转速下运行，为方便对具有多个速度运行负载进行速度控制，西门子变频器提供了多档位频率控制功能，用户可以通过几个开关的通、断组合来选择不同的运行频率，实现设备在不同转速下运行的目的。多段速运行需要将参数 P1000 设置为 3，即输出频率由数字输入端子 DIN1～DIN6 的状态指定。变频器实现多段速运行可通过以下 3 种方法实现。

（1）直接选择（P0701 - P0706 = 15）

在这种操作方式下，一个数字输入选择一个固定频率，如果有几个固定频率输入同时被激活，选定的频率是端子频率的总和，端子与参数设置对应如表 10-5 所示。

表 10-5 端子与参数设置对应表

端子编号	对应参数	对应频率设置值	说　明
5	P0701	P1001	
6	P0702	P1002	
7	P0703	P1003	1. 频率给定源 P1000 必须设置为 3
8	P0704	P1004	2. 当多个选择同时激活时，选定的频率是它们的总和
16	P0705	P1005	
17	P0706	P1006	

（2）直接选择+ ON 命令（P0701-P0706 = 16）

在这种操作方式下，数字量输入既选择固定频率（见表 10-5），又具备启动功能。

（3）二进制编码选择+ON 命令（P0701-P0704 = 17）

变频器的六个数字输入端口（DIN1～DIN6），通过 P0701～P0706 设置实现多频段控制。每一频段的频率分别由 P1001～P1015 参数设置，最多可实现 15 频段控制，各个固定频率的数值选择见表 10-6。在多频段控制中，电动机的转速方向是由 P1001～P1015 参数所设置的频率正负决定的。选择 6 个数字输入端口作为电动机运行、停止控制，多段频率控制可以由用户任意确定，一旦确定了某一数字输入端口的控制功能，其内部的参数设置值需要与端口的控制功能相对应。

表 10-6   固定频率选择对应表

频率设定	DIN4	DIN3	DIN2	DIN1
P1001	0	0	0	1
P1002	0	0	1	0
P1003	0	0	1	1
P1004	0	1	0	0
P1005	0	1	0	1
P1006	0	1	1	0
P1007	0	1	1	1
P1008	1	0	0	0
P1009	1	0	0	1
P1010	1	0	1	0
P1011	1	0	1	1
P1012	1	1	0	0
P1013	1	1	0	1
P1014	1	1	1	0
P1015	1	1	1	1

2．控制系统功能实现

（1）本例选择二进制编码选择 + ON 命令的方法来实现对供料小车的控制，根据要求对变频器进行参数设定，变频器参数号和设置值如表 10-7 所示，其余参数为出厂默认值。

表 10-7   变频器的参数设定

参数号	出厂值	设置值	说　　明
P0003	1	1	设用户访问级为标准级
P0004	0	7	命令和数字 I/O
P0700	2	2	命令源选择由端子排输入
P0003	1	2	设用户访问级为拓展级
P0004	0	7	命令和数字 I/O
P0701	1	17	选择固定频率 1
P0702	1	17	选择固定频率 2

续表

参数号	出厂值	设置值	说　明
P0703	1	17	选择固定频率 3
P0704	1	1	ON 接通正转，OFF 停止
P0003	1	1	设用户访问级为标准级
P0004	2	10	设定值通道和斜坡函数发生器
P1000	2	3	选择固定频率设定值
P0003	1	2	设用户访问级为拓展级
P0004	0	10	设定值通道和斜坡函数发生器
P1001	0	50	选择固定频率 1 (Hz)
P1002	5	25	选择固定频率 2 (Hz)
P1003	10	10	选择固定频率 3 (Hz)
P1020	10	6	斜坡上升时间
P1021	10	6	斜坡下降时间

（2）对 PLC 进行输入/输出点分配

由于本例所涉及的控制系统需要的输入/输出点数少，一般的 S7-200PLC 均可满足要求，这里可以选取 CPU224 作为控制机型，输入/输出分配如表 10-8 所示。

表 10-8　　　　　　　　　　PLC 的输入/输出分配

输　入		输　出	
I0.0	启动	Q0.0	8（DIN4）
		Q0.1	5（DIN1）
		Q0.2	6（DIN2）
		Q0.3	7（DIN3）

（3）PLC 与变频器联合控制的参考接线图如图 10-4 所示。

（4）系统顺序功能图及参考程序如图 10-5 和图 10-6 所示。

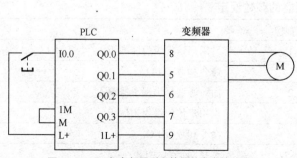

图10-4　PLC与变频器联合控制的参考接线图

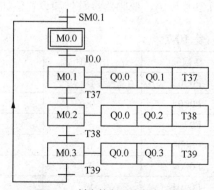

图10-5　料车控制系统顺序功能图

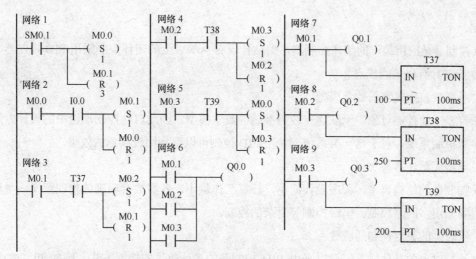

图10-6　料车控制系统参考程序

10.3.2　PLC 与变频器在恒压供水系统中的应用

在实际的生产、生活中，用户用水的多少是经常变动的，因此供水不足或供水过剩的情况时有发生。而用水和供水之间的不平衡集中反映在供水的压力上，即用水多而供水少，则压力低；用水少而供水多，则压力大。保持供水压力的恒定，可使供水和用水之间保持平衡，即用水多时供水也多，用水少时供水也少，从而提高了供水的质量。

鼠笼式三相交流异步电动机的转速与其输入的三相交流电的频率关系为 $n=60f(1-s)/p$（f 为交流电的频率，p 为鼠笼式三相交流异步电动机的磁极对数，n 为鼠笼式三相交流异步电动机的转速)，由此可见，电动机的转速与交流电的频率成正比，即频率越高电动机的转速也越高，反之也成立。由于水泵由电机拖动，水泵也会随着电动机的转速变化，其输出的水压、流量也相应的变化，从而实现了水压的调整。目前变频调速技术成熟，故障率低，电机的启动、停止对电源的影响很小，节能明显，调速范围宽，因此已经广泛地应用在各行各业。

采用模拟量输出的远传压力表、变频器、可编程序控制器等构成的恒压供水控制系统，使供水控制电路硬件简单、便于安装、维护方便、可靠性高、启动平稳、操作简单，可以无人值守。

1.　恒压供水的优点

（1）高效节能：按需求设定压力，根据用水量的变化来调节电机泵的转速，使设备恒压供水，达到真正意义上的恒水压目的。节能效果明显，可节电 30%左右。

（2）延长设备使用寿命：对多台泵组均能进行软启动，大大延长设备的机械、电气寿命。（启动电流小,对电路冲击很小。水压变化小，对管路、水泵叶轮冲力也很小。）

（3）运行可靠，操作简便：采用可编程控制器全自动运行，使用户不断水，并且能实现无人值守。

（4）节省投资：结构紧凑，占地面积小，安装方便，工期短。

（5）具有完善的保护功能：有完善的保护、自检、故障判断功能。

2.　变频器 PID 调节基本工作原理

PID 控制是闭环控制中的一种常见形式，变频器内部有 PID 控制器，利用变频器可以构成 PID

闭环控制。

PID 控制器是应用最广的闭环控制器，据估计现有 90% 以上的闭环控制采用 PID 控制器，这是因为 PID 控制具有以下的优点。

（1）不需要被控对象的数学模型

对于许多工业控制对象，无法建立较为准确的数学模型，因此自动控制理论中的设计方法很难用于大多数控制系统，对于这一类系统，使用 PID 控制可以得到比较满意的效果。

（2）结构简单，容易实现

PID 控制器的结构典型，程序设计简单，计算工作量小，各参数有明确的物理意义，参数调整方便，容易实现多回路控制、串级控制等复杂的控制。

（3）有较强的灵活性和适应性

根据被控对象的具体情况，可以采用 PID 控制器的多种改进的控制方式，例如 PI、PD、带死区的 PID 等。

（4）使用方便

现在已有很多的 PLC、变频器厂家提供具有 PID 控制功能的产品，例如 PID 控制模块、PID 指令，用户只需要设置一些参数就可以。

使用变频器构成恒压供水的基本工作原理如图 10-7 所示。

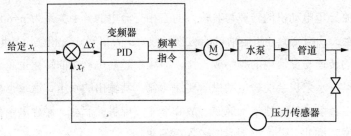

图10-7　恒压供水控制原理

当用水量增加时，压力传感器检测到水压降低，通过反馈值 x_f 与给定值 x_t 比较，变频器使电动机的电压和频率加大，水泵转速升高，出水量增加；当用水量减少时，压力传感器检测到水压升高，通过反馈值与给定值比较，变频器使电动机的电压和频率降低，水泵转速下降，出水量减少。通过这种控制方式，就可以使自来水管道压力保持在设定值上。

由于变频器的价格较高，对于用水量较大的系统，变频调速恒压供水系统通常采用多台水泵并联运行，几台水泵共用一台变频器。工作时，控制器根据用水量的大小，控制配电系统自动选择所需投入运行的水泵数量，一般方法是保持其中一台水泵处于变频器控制下，其他水泵则根据供水量的变化，在工频下全速运行或停机待命。

3. PID 控制系统的构成

（1）反馈信号与给定信号

反馈信号 x_f：在恒压供水系统中，反馈信号就是用压力传感器实际测得的压力信号，因系统控制的目标是管道压力，现在又把管道压力反送回变频器，故称反馈信号。西门子 MM440 变频器反馈信号源设置如表 10-9 所示。

表 10-9　　　　　　　　　　MM440 PID 反馈信号源

PID 反馈源	设定值	功能解释	说　明
P2264	755.0	模拟通道 1	当模拟量波动较大时，可适当加大滤波时间，确保系统稳定
	755.1	模拟通道 2	

给定信号 x_t：给定信号就是与所要求的管道压力相对应的信号。给定信号的大小，总是和所选用的压力传感器的量程相联系的。西门子 MM440 变频器给定信号源设置如表 10-10 所示。

表 10-10　　　　　　　　　　MM440 PID 给定源

PID 给定源	设定值	功能解释	说　明
P2253	2250	BOP 面板	通过改变 P2240 改变目标值
	755.0	模拟通道 1	通过模拟量大小改变目标值
	755.1	模拟通道 2	

（2）PID 控制参数

① 比例增益环节（P）。P 功能就是将 Δx 的值按比例进行放大(放大 K_p 倍)，这样尽管 Δx 的值很小，但是经放大后再来，电机的转速也会比较准确、迅速。放大后，Δx 的值大大增加，从而使控制的灵敏度增大，误差减小。但是，如果 P 值设的过大，Δx 的值变得很大，系统的实际压力调整到给定值的速度必定很快。但由于拖动系统的惯性原因，很容易引起超调。于是控制又必须反方向调节，这样就会使系统的实际压力在给定值（恒压值）附近来回振荡。

② 积分环节（I）。引入积分环节 I，使经过比例增益 P 放大后的差值信号在积分时间内逐渐增大（或减小），从而减缓其变化速度，防止振荡。尽管增加积分功能后使得超调减少，避免了系统的压力振荡，但是也延长了压力重新回到给定值的时间。为了克服上述缺陷，又增加了微分功能。

③ 微分环节（D）。微分环节 D 是根据差值信号变化的速率，提前给出一个相应的调节动作，从而缩短了调节时间，克服因积分时间过长而使恢复滞后的缺陷，可以看到，经 PID 调节后的压力，既保证了系统的动态响应速度，又避免了在调节过程中的振荡，因此 PID 调节功能在恒压供水系统中得到广泛的应用。

（3）变频器参数设置

① 控制参数如表 10-11 所示。

表 10-11　　　　　　　　　　控制参数表

参数号	出厂值	设置值	说　明
P0003	1	2	用户访问级为扩展级
P0004	0	0	参数过滤显示全部参数
P0700	2	2	由端子排输入（选择命令源）
*P0701	1	1	端子 DIN1 功能为 ON 接通正转/OFF 停车

续表

参数号	出厂值	设置值	说　明
*P0702	12	0	端子 DIN2 禁用
*P0703	9	0	端子 DIN3 禁用
*P0704	0	0	端子 DIN4 禁用
P0725	1	1	端子 DIN 输入为高电平有效
P1000	2	1	频率设定由 BOP（▲▼）设置
*P1080	0	20	电动机运行的最低频率（下限频率）（Hz）
*P1082	50	50	电动机运行的最高频率（上限频率）（Hz）
P2200	0	1	PID 控制功能有效

标"*"的参数可以根据需要灵活设置。

② 设置目标参数如表 10-12 所示。

表 10-12　　　　　　　　　　目标参数表

参数号	出厂值	设置值	说　明
P0003	1	3	用户访问级为专家级
P0004	0	0	参数过滤显示全部参数
P2253	0	2250	已激活的 PID 设定值（PID 设定值信号源）
P2240	10	60	由面板 BOP（▲▼）设定的目标值（%）
P2254	0	0	无 PID 微调信号源
P2255	100	100	PID 设定值的增益系数
P2256	100	0	PID 微调信号增益系数
P2257	1	1	PID 设定值斜坡上升时间
P2258	1	1	PID 设定值的斜坡下降时间
P2261	0	0	PID 设定值无滤波

以 4～20mA 电流型传感器为例，表中的 P2240 设置值为 60，表示目标值设置为量程的 60%，即 12mA 所对应的压力值。

③ 设置反馈参数如表 10-13 所示。

表 10-13　　　　　　　　　　反馈参数表

参数号	出厂值	设置值	说　明
P0003	1	3	用户访问级为专家级
P0004	0	0	参数过滤显示全部参数
P2264	755.0	755.1	PID 反馈信号由 AIN2+(即模拟输入 2)设定
P2265	0	0	PID 反馈信号无滤波
P2267	100	100	PID 反馈信号的上限值（%）

续表

参数号	出厂值	设置值	说　　明
P2268	0	0	PID 反馈信号的下限值（%）
P2269	100	100	PID 反馈信号的增益（%）
P2270	0	0	不用 PID 反馈器的数学模型
P2271	0	0	PID 传感器的反馈形式为正常

④　设置 PID 参数如表 10-14 所示。

表 10-14　　　　　　　　　　　PID 参数表

参数号	出厂值	设置值	说明
P0003	1	3	用户访问级为专家级
P0004	0	0	参数过滤显示全部参数
*P2280	3	25	PID 比例增益系数
*P2285	0	5	PID 积分时间
*P2291	100	100	PID 输出上限（%）
*P2292	0	0	PID 输出下限（%）
*P2293	1	1	PID 限幅的斜坡上升/下降时间（s）

注：标"*"的参数需要更具设备的运行情况做调整。

4. 恒压供水系统主电路及控制电路

现以一台电机拖动 4 台泵进行恒压供水的控制系统设计为例来说明恒压供水系统的工作原理。

（1）主电路

主电路如图 10-8 所示。总电流、互感器、各电机电流以及三相线电压等的测量环节在图中略去。

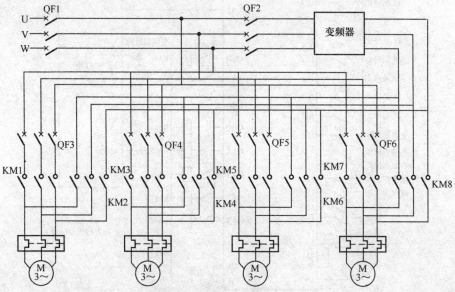

图10-8　恒压供水控制系统主电路

以电动机 M1 为例，首先将 KM2 闭合，M1 由变频器控制调速，若水压低于设定的目标值，则电动机转速升高以提升供水管道压力，当电动机到达 50 Hz 同步转速时，变频器 MM440 内部输出继电器动作，送出一个开关信号给 PLC，若水压还不足，持续几秒钟，由 PLC 控制 KM2 断开，KM1 吸合，电动机 M1 转由电网供电，以 50Hz 工频运行，以此类推。

假如电动机 M2 拖动的水泵在变频工作，水压达到预定值，频率不再上升，泵转速也不再上升，但随着水压的较小上升或下降变化，频率也较小下降或上升变化，以稳定水压，用户基本感觉不到水压的变化。

假如用水高峰以后，水压上升，频率下降，变频工作的水泵转速下降，直至停止，某一工频工作水泵停止工作。若水压仍高，再停另一工频工作水泵，直到水压低时变频泵转速上升。

（2）控制电路

恒压供水系统加泵的关键是变频器在输出频率为 50 Hz 时，能送出一个信号给 PLC，故只需设置变频器继电器 2 在变频器输出频率为 50 Hz 时动作，使变频器的"21-22"闭合，即设置参数 P0732=52.A。而减泵的关键是变频器在输出频率为下限时，能送出一个信号给 PLC，只需设置变频器继电器 3 在变频器输出频率为下限（P1080）时动作，使"24-25"闭合，即设置参数 P0733=52.3。

具体自动/手动选择开关如下所述。

① 自动时，根据变频器频率上下限动作开关动作情况，经过 PLC 处理后发出控制信号，控制水泵的工作。比如：此时 2#泵变频工作，变频器输出频率已达 50Hz，但水压低于设定值，那么使该泵转成工频工作，使下一台泵变频工作。

② 手动时，变频器频率动作开关不起作用，这时，可以根据水压的情况，按下 SB1（或 SB3、SB5、SB7）启动 1#（或 2#、3#、4#）泵工作。还可以按下 SB2（或 SB4、SB6、SB8）使 1#（或 2#、3#、4#）泵停止工作。控制电路如图 10-9 所示。

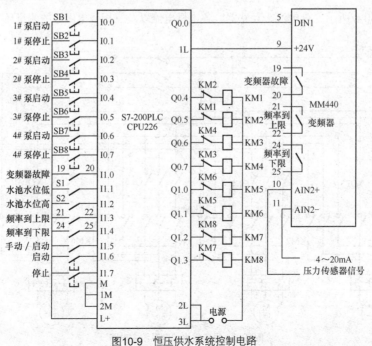

图10-9　恒压供水系统控制电路

③ 恒压供水控制系统 PLC 的 I/O 地址分配如表 10-15 所示。

表 10-15		I/O 地址分配表	
输　入	地　址	输　出	地　址
1#泵启动	I0.0	变频器运行	Q0.0
1#泵停止	I0.1	1#工频	Q0.4
2#泵启动	I0.2	1#变频	Q0.5
2#泵停止	I0.3	2#工频	Q0.6
3#泵启动	I0.4	2#变频	Q0.7
3#泵停止	I0.5	3#工频	Q1.0
4#泵启动	I0.6	3#变频	Q1.1
4#泵停止	I0.7	4#工频	Q1.2
变频故障	I1.0	4#变频	Q1.3
水池水位低	I1.1		
水池水位高	I1.2		
手动/自动	I1.5		
自动启动	I1.6		
自动停止	I1.7		

④ PLC 的参考程序。恒压供水控制系统 PLC 主程序如图 10-10 所示。

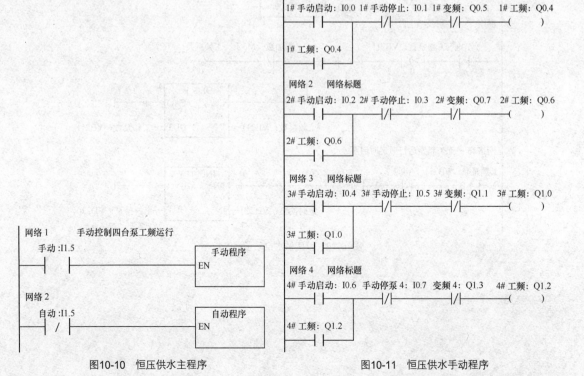

图10-10　恒压供水主程序　　　　　　　　　图10-11　恒压供水手动程序

恒压供水控制系统 PLC 手动控制子程序如图 10-11 所示。

恒压供水控制系统 PLC 自动控制子程序如图 10-12～图 10-16 所示。

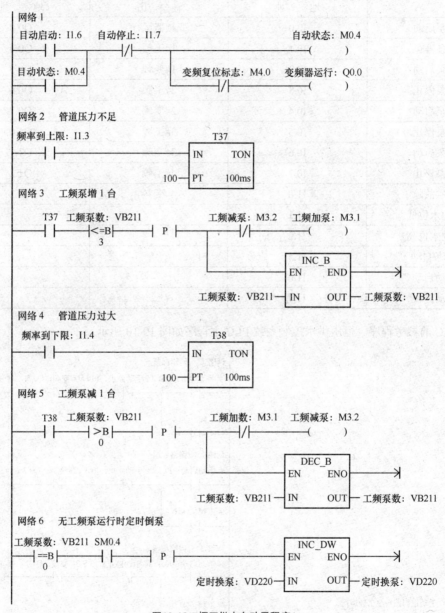

图10-12　恒压供水自动子程序1

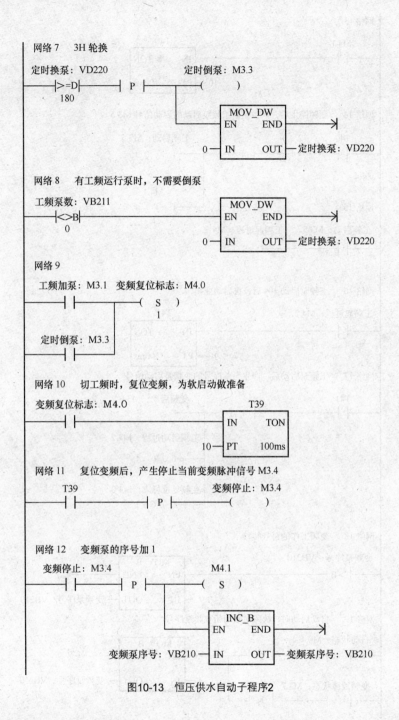

图10-13　恒压供水自动子程序2

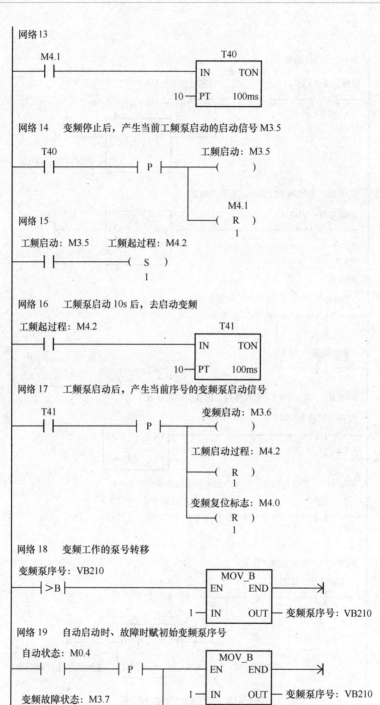

网络13

网络14　变频停止后，产生当前工频泵启动的启动信号 M3.5

网络15

网络16　工频泵启动 10s 后，去启动变频

网络17　工频泵启动后，产生当前序号的变频泵启动信号

网络18　变频工作的泵号转移

网络19　自动启动时、故障时赋初始变频泵序号

图10-14　恒压供水自动子程序3

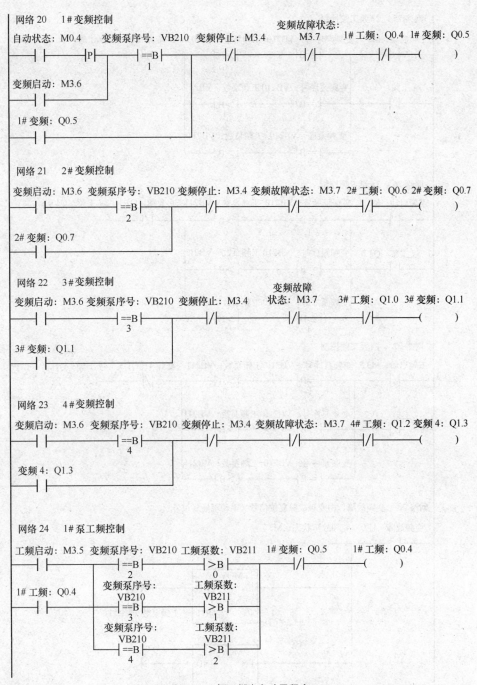

图10-15　恒压供水自动子程序4

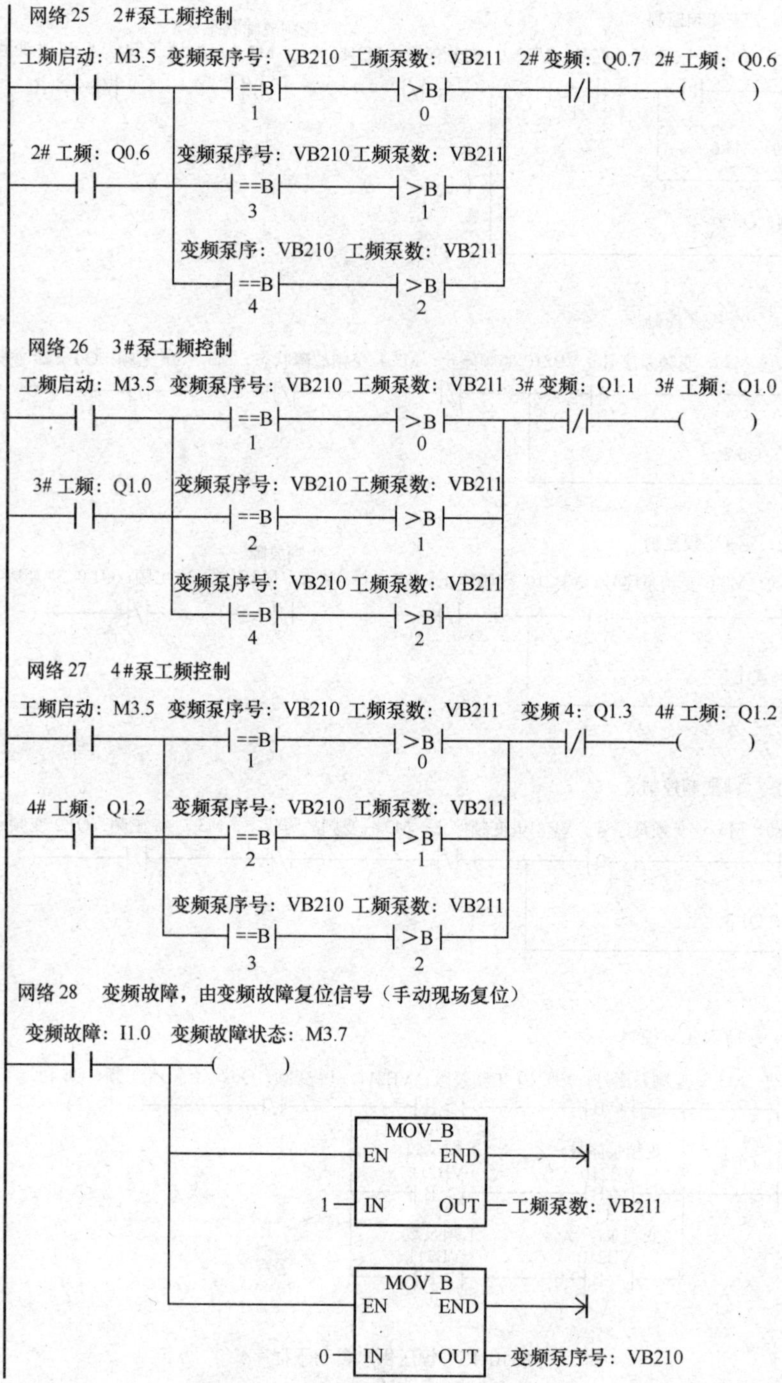

网络 25　2#泵工频控制

工频启动: M3.5　变频泵序号: VB210　工频泵数: VB211　2# 变频: Q0.7　2# 工频: Q0.6
```
┤├────────┤==B├──────────┤>B├────────┤/├──────( )
                1              0
```

2# 工频: Q0.6　　　变频泵序号: VB210 工频泵数: VB211
```
┤├────────┤==B├──────────┤>B├
                3              1
```

变频泵序: VB210　工频泵数: VB211
```
        ┤==B├──────────┤>B├
            4              2
```

网络 26　3#泵工频控制

工频启动: M3.5　变频泵序号: VB210　工频泵数: VB211　3# 变频: Q1.1　3# 工频: Q1.0
```
┤├────────┤==B├──────────┤>B├────────┤/├──────( )
                1              0
```

3# 工频: Q1.0　　　变频泵序号: VB210 工频泵数: VB211
```
┤├────────┤==B├──────────┤>B├
                2              1
```

变频泵序号: VB210　工频泵数: VB211
```
        ┤==B├──────────┤>B├
            4              2
```

网络 27　4#泵工频控制

工频启动: M3.5　变频泵序号: VB210　工频泵数: VB211　　变频 4: Q1.3　4# 工频: Q1.2
```
┤├────────┤==B├──────────┤>B├────────┤/├──────( )
                1              0
```

4# 工频: Q1.2　　　变频泵序号: VB210 工频泵数: VB211
```
┤├────────┤==B├──────────┤>B├
                2              1
```

变频泵序号: VB210　工频泵数: VB211
```
        ┤==B├──────────┤>B├
            3              2
```

网络 28　变频故障，由变频故障复位信号（手动现场复位）

变频故障: I1.0　变频故障状态: M3.7
```
┤├────────( )
```
```
              ┌───────────┐
              │   MOV_B    │
          ────┤EN      END ├──►
              │            │
          1 ──┤IN      OUT ├── 工频泵数: VB211
              └───────────┘

              ┌───────────┐
              │   MOV_B    │
          ────┤EN      END ├──►
              │            │
          0 ──┤IN      OUT ├── 变频泵序号: VB210
              └───────────┘
```

图10-16　恒压供水自动子程序5

10-1　电气控制系统中使用变频器的目的是什么？

10-2　如何将西门子 MM440 变频器参数恢复出厂设置？

10-3　MM440 变频器实现多段速运行的方法有哪 3 种？

10-4　供水系统采用恒压供水的优点有哪些？

10-5　列举一种方法实现将变频器的实际输出频率信号反馈到 PLC 中，并通过编程对信号进行处理。

实训课题 7　变频器的多段速运行控制

按照图 10-17 所示的频率与时间关系，使用 PLC 与西门子 MM440 变频器实现变频器的多段速控制。

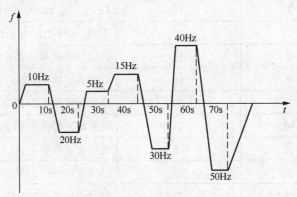

图10-17　频率与时间关系的曲线

1. 控制要求

按下启动按钮后，要求变频器所控制的电机按照图 10-17 频率与时间的曲线图运行，运行完毕后电动机自动停止。在运行过程中如果按下停止按钮电动机停止运行。PLC I/O 分配如表 10-16 所示。

表 10-16　　　　　　　　　　变频器多段速控制 I/O 分配表

地址	名称	地址	名称
I0.0	启动按钮	Q0.2	7（DIN3）
I0.1	停止按钮	Q0.3	8（DIN4）
Q0.0	5（DIN1）	Q0.4	16（DIN5）
Q0.1	6（DIN2）		

2. 变频参数设置及程序设计

（1）选择二进制编码选择+ON 命令的方法来实现多段速控制，变频器参数号和设置值如表 10-17 所示，其余参数为出厂默认值。

表 10-17　　　　　　　　　　　变频器的参数设定

参数号	出厂值	设置值	说　　明
P0003	1	1	设用户访问级为标准级
P0004	0	7	命令和数字 I/O
P0700	2	2	命令源选择由端子排输入
P0003	1	2	设用户访问级为拓展级
P0004	0	7	命令和数字 I/O
P0701	1	1	选择固定频率 1
P0702	1	2	选择固定频率 1
P0703	1	17	选择固定频率 1
P0704	1	17	ON 接通反转，OFF 停止
P0705	1	17	ON 接通正转，OFF 停止
P0003	1	2	设用户访问级为拓展级
P0004	0	10	设定值通道和斜坡函数发生器
P1001	0	10	选择固定频率 1 (Hz)
P1002	5	20	选择固定频率 2 (Hz)
P1003	10	5	选择固定频率 3 (Hz)
P1004	15	15	选择固定频率 4 (Hz)
P1005	20	30	选择固定频率 5 (Hz)
P1006	25	40	选择固定频率 6 (Hz)
P1007	30	50	选择固定频率 7 (Hz)
P1020	10	6	斜坡上升时间
P1021	10	6	斜坡下降时间

（2）PLC 梯形图参考程序设计如图 10-18 所示。

3. 调试步骤

（1）按照要求连接好 PLC 与变频器。

（2）按照表 10-17 对变频器进行参数设置。

（3）启动 STEP 7-Micro/ WIN，将程序录入并下载到 PLC 主机中。

（4）使 PLC 进入运行状态。

（5）程序调试。在运行状态下，按下 PLC 的 I0.0 端子连接的启动按钮，记录变频器的 BOP 操作面板显示的频率，并观察电动机转向是否与图 10-17 要求的一致。

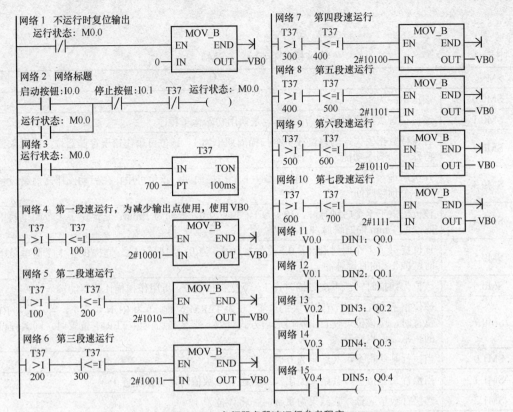

图10-18　变频器多段速运行参考程序

附　　录

SM 位	描　　述
SM0.0	该位始终为 1
SM0.1	该位在首次扫描时为 1，用途之一是调用初始化子程序
SM0.2	若保持数据丢失，则该位在 1 个扫描周期中为 1。该位可用作错误存储器位，或用来调用特殊启动顺序功能
SM0.3	开机后进入 RUN 方式，该位将 ON 1 个扫描周期。该位可用作在启动操作之前给设备提供 1 个预热时间
SM0.4	该位提供了 1 个时钟脉冲，30 s 为 1，30 s 为 0，周期为 1 min。它提供了 1 个简单易用延时，或 1 min 的时钟脉冲
SM0.5	该位提供了 1 个时钟脉冲，0.5 s 为 1，0.5 s 为 0，周期为 1 s。它提供了 1 个简单易用延时，或 1 s 的时钟脉冲
SM0.6	该位为扫描时钟，本次扫描时置 1，下次扫描置 0。可用作扫描计数器的输入
SM0.7	该位指示 CPU 工作方式开关的位置（0 为 TERM 位置，1 为 RUN 位置）。当开关在 RUN 位置时，用该位可使自由端口通信方式有效，那么当切换至 TERM 位置时，同编程设备的正常通信也会有效
SM1.0	当执行某些指令，其结果为 0 时，将该位置 1
SM1.1	当执行某些指令，其结果溢出，或查出非法数值时，将该位置 1
SM1.2	当执行数学运算，其结果为负数时，将该位置 1
SM1.3	试图除以零时，将该位置 1
SM1.4	当执行 ATT 指令时，试图超出表范围时，将该位置 1
SM1.5	当执行 LIFO 或 FIFO 指令时，试图从空表中读数时，将该位置 1
SM1.6	当试图把 1 个非 BCD 数转换为二进制数时，将该位置 1
SM1.7	当 ASCII 码不能转换为有效的十六进制数时，将该位置 1
SM2.0	在自由端口通信方式下，该字符存储从口 0 或口 1 接收到的每一个字符
SM3.0	口 0 或口 1 的奇偶校验错（0 表示无错，1 表示有错）
SM3.1～SM3.7	保留
SM4.0	当通信中断队列溢出时，将该位置 1
SM4.1	当输入中断队列溢出时，将该位置 1
SM4.2	当定时中断队列溢出时，将该位置 1
SM4.3	在运行时刻，发现编程问题时，将该位置 1
SM4.4	该位指示全局中断允许位，当允许中断时，将该位置 1
SM4.5	当（口 0）发送空闲时，将该位置 1
SM4.6	当（口 1）发送空闲时，将该位置 1
SM4.7	当发生强制时，将该位置 1
SM5.0	当有 I/O 错误时，将该位置 1
SM5.1	当 I/O 总线上连接了过多的数字量 I/O 点时，将该位置 1
SM5.2	当 I/O 总线上连接了过多的模拟量 I/O 点时，将该位置 1

续表

SM 位	描 述
SM5.3	当 I/O 总线上连接了过多的智能 I/O 点模块时，将该位置 1
SM5.4～SM5.6	保留
SM5.7	当 DP 标准总线出现错误时，将该位置 1

附表 2　　　　　S7-200 系列 CPU 编程元器件的有效范围

描 述	CPU 221	CPU 222	CPU 224	CPU 226
用户程序大小	2 kW	2 kW	4 kW	4 kW
用户数据大小	1 kW	1 kW	2.5 kW	2.5 kW
输入映像寄存器	I0.0～I15.7	I0.0～I15.7	I0.0～I15.7	I0.0～I15.7
输出映像寄存器	Q0.0～Q15.7	Q0.0～Q15.7	Q0.0～Q15.7	Q0.0～Q15.7
模拟量输入（只读）	—	AIW0～AIW30	AIW0～AIW62	AIW0～AIW62
模拟量输出（只写）	—	AQW0～AQW30	AQW0～AQW62	AQW0～AQW62
变量存储器（V）	VB0.0～VB2 047.7	VB0.0～VB2 047.7	VB0.0～VB5 119.7	VB0.0～VB5 119.7
局部变量存储器（L）	LB0.0～LB63.7	LB0.0～LB63.7	LB0.0～LB63.7	LB0.0～LB63.7
位存储器（M）	M0.0～M31.7	M0.0～M31.7	M0.0～M31.7	M0.0～M31.7
特殊存储器（SM） 只读	SM0.0～SM179.7 SM0.0～29.7	SM0.0～SM179.7 SM0.0～29.7	SM0.0～SM179.7 SM0.0～29.7	SM0.0～SM179.7 SM0.0～29.7
定时器范围	T0～T255	T0～T255	T0～T255	T0～T255
记忆延迟 1 ms	T0，T64	T0，T64	T0，T64	T0，T64
记忆延迟 10 ms	T1～T4，T65～T68	T1～T4，T65～T68	T1～T4，T65～T68	T1～T4，T65～T68
记忆延迟 100 ms	T5～T31 T69～T95	T5～T31 T69～T95	T5～T31 T69～T95	T5～T31 T69～T95
接通延迟 1 ms	T32，T96	T32，T96	T32，T96	T32，T96
接通延迟 10 ms	T33～T36 T97～T100	T33～T36 T97～T100	T33～T36 T97～T100	T33～T36 T97～T100
接通延迟 100 ms	T37～T63 T101～T255	T37～T63 T101～T255	T37～T63 T101～T255	T37～T63 T101～T255
计数器	C0～C255	C0～C255	C0～C255	C0～C255
高速计数器	HC0，HC3，HC4，HC5	HC0，HC3，HC4，HC5	HC0～HC5	HC0～HC5
顺序控制继电器	S0.0～S31.7	S0.0～S31.7	S0.0～S31.7	S0.0～S31.7
累加寄存器	AC0～AC3	AC0～AC3	AC0～AC3	AC0～AC3
跳转/标号	0～255	0～255	0～255	0～255
调用/子程序	0～63	0～63	0～63	0～63
中断时间	0～127	0～127	0～127	0～127
PID 回路	0～7	0～7	0～7	0～7
通信端口	Prot 0	Prot 0	Prot 0	Prot 0，Prot 1

附表 3   S7-200 系列 CPU 操作数有效范围

存 取 方 式	CPU 221		CPU 222		CPU 224，CPU 226	
位存取	V	0.0～2 047.7	V	0.0～2 047.7	V	0.0～5 119.7
	I	0.0～15.7	I	0.0～15.7	I	0.0～15.7
	Q	0.0～15.7	Q	0.0～15.7	Q	0.0～15.7
	M	0.0～31.7	M	0.0～31.7	M	0.0～31.7
	SM	0.0～179.7	SM	0.0～179.7	SM	0.0～179.7
	S	0.0～31.7	S	0.0～31.7	S	0.0～31.7
	T	0～255	T	0～255	T	0～255
	C	0～255	C	0～255	C	0～255
	L	0.0～63.7	L	0.0～63.7	L	0.0～63.7
字节存取	VB	0～2 047	VB	0～2 047	VB	0～5 119
	IB	0～15	IB	0～15	IB	0～15
	QB	0～15	QB	0～15	QB	0～15
	MB	0～31	MB	0～31	MB	0～31
	SMB	0～179	SMB	0～179	SMB	0～179
	SB	0～31	SB	0～31	SB	0～31
	LB	0～63	LB	0～63	LB	0～63
	AC	0～3	AC	0～3	AC	0～3
字存取	VW	0～2 046	VW	0～2 046	VW	0～5 118
	IW	0～14	IW	0～14	IW	0～14
	QW	0～14	QW	0～14	QW	0～14
	MW	0～30	MW	0～30	MW	0～30
	SMW	0～178	SMW	0～178	SMW	0～178
	SW	0～30	SW	0～30	SW	0～30
	T	0～255	T	0～255	T	0～255
	C	0～255	C	0～255	C	0～255
	LW	0～62	LW	0～62	LW	0～62
	AC	0～3	AC	0～3	AC	0～3
双字存取	VD	0～2 044	VD	0～2 044	VD	0～5 116
	ID	0～12	ID	0～12	ID	0～12
	QD	0～12	QD	0～12	QD	0～12
	MD	0～28	MD	0～28	MD	0～28
	SMD	0～176	SMD	0～176	SMD	0～176
	SD	0～28	SD	0～28	SD	0～28
	LW	0～60	LW	0～60	LW	0～60
	AC	0～3	AC	0～3	AC	0～3
	HC	0，3，4，5	HC	0，3，4，5	HC	0～5

附表 4   操作数寻址范围

数 据 类 型	寻 址 范 围
BYTE	IB，QB，MB，SMB，VB，SB，LB，AC，常数，*VD，*AC，*LD
INT/WORD	IW，QW，MW，SW，SMW，T，C，VW，AIW，LW，AC，常数，*VD，*AC，*LD
DINT	ID，QD，MD，SMD，VD，SD，LD，HC，AC，常数，*VD，*AC，*LD
REAL	ID，QD，MD，SMD，VD，SD，LD，AC，常数，*VD，*AC，*LD

参考文献

[1] 廖常初. PLC 编程及应用[M]. 北京：机械工业出版社，2002

[2] 孙平. 可编程序控制器原理及应用[M]. 北京：机械工业出版社，2003

[3] 许翏，王淑英. 电气控制与 PLC 应用[M]. 北京：机械工业出版社，2007

[4] 徐国林. PLC 应用技术[M]. 北京：机械工业出版社，2007

[5] 高勤. 电器与 PLC 控制技术[M]. 北京：高等教育出版社，2002

[6] 李建兴. 可编程序控制器及其应用[M]. 北京：机械工业出版社，1999

[7] 田端庭. 可编程序控制器应用技术[M]. 北京：机械工业出版社，1994

[8] 华满香，刘小春. 电气控制与 PLC 应用[M]. 北京：人民邮电出版社，2015

[9] 张伟林，李海霞. 电气控制与 PLC 综合应用技术[M]. 北京：人民邮电出版社，2015